陈省身雕塑像

陈省身

陈省身

1 陈省身在伯克莱加州大学会见中国数学家

2 陈省身获得沃尔夫奖（1984）

做好的数学

◆◆◆—— 数学家思想文库

丛书主编　李文林

陈省身 / 著

张奠宙　王善平 / 编

How to Do Good Mathematics

大连理工大学出版社
Dalian University of Technology Press

图书在版编目(CIP)数据

做好的数学 / 陈省身著；张奠宙，王善平编. --
大连：大连理工大学出版社，2023.1
（数学家思想文库 / 李文林主编）
ISBN 978-7-5685-3988-3

Ⅰ．①做… Ⅱ．①陈… ②张… ③王… Ⅲ．①数学－
普及读物 Ⅳ．①O1-49

中国版本图书馆 CIP 数据核字(2022)第 216671 号

ZUO HAO DE SHUXUE

大连理工大学出版社出版

地址：大连市软件园路 80 号　邮政编码：116023
发行：0411-84708842　邮购：0411-84708943　传真：0411-84701466
E-mail：dutp@dutp.cn　URL：https://www.dutp.cn

辽宁新华印务有限公司印刷　　　　　　**大连理工大学出版社发行**

幅面尺寸：147mm×210mm　插页：2　印张：7.125　字数：141 千字
2023 年 1 月第 1 版　　　　　　　　2023 年 1 月第 1 次印刷

责任编辑：王　伟　　　　　　　　　　　　责任校对：周　欢
封面设计：冀贵收

ISBN 978-7-5685-3988-3　　　　　　　　　　定　价：69.00 元

本书如有印装质量问题，请与我社发行部联系更换。

合辑前言

  "数学家思想文库"第一辑出版于 2009 年,2021 年完成第二辑。现在出版社决定将一、二辑合璧精装推出,十位富有代表性的现代数学家汇聚一堂,讲述数学的本质、数学的意义与价值,传授数学创新的方法与精神……大师心得,原汁原味。关于编辑出版"数学家思想文库"的宗旨与意义,笔者在第一、二辑总序"读读大师,走近数学"中已做了详细论说,这里不再复述。

  当前,我们的国家正在向第二个百年奋斗目标奋进。在以创新驱动的中华民族伟大复兴中,传播普及科学文化,提高全民科学素质,具有重大战略意义。我们衷心希望,"数学家思想文库"合辑的出版,能够在传播数学文化、弘扬科学精神的现代化事业中继续放射光和热。

  合辑除了进行必要的文字修订外,对每集都增配了相关数学家活动的图片,个别集还增加了可读性较强的附录,使严肃的数学文库增添了生动活泼的气息。

　　从第一辑初版到现在的合辑,经历了十余年的光阴。其间有编译者的辛勤付出,有出版社的锲而不舍,更有广大读者的支持斧正。面对着眼前即将面世的十册合辑清样,笔者与编辑共生欣慰与感慨,同时也觉得意犹未尽,我们将继续耕耘!

李文林

2022 年 11 月于北京中关村

读读大师　走近数学

——"数学家思想文库"总序

数学思想是数学家的灵魂

数学思想是数学家的灵魂。试想：离开公理化思想，何谈欧几里得、希尔伯特？没有数形结合思想，笛卡儿焉在？没有数学结构思想，怎论布尔巴基学派？……

数学家的数学思想当然首先体现在他们的创新性数学研究之中，包括他们提出的新概念、新理论、新方法。牛顿、莱布尼茨的微积分思想，高斯、波约、罗巴切夫斯基的非欧几何思想，伽罗瓦"群"的概念，哥德尔不完全性定理与图灵机，纳什均衡理论，等等，汇成了波澜壮阔的数学思想海洋，构成了人类思想史上不可磨灭的篇章。

数学家们的数学观也属于数学思想的范畴，这包括他们对数学的本质、特点、意义和价值的认识，对数学知识来源及其与人类其他知识领域的关系的看法，以及科学方法论方面的见解，等等。当然，在这些问题上，古往今来数学家们的意见是很不相同，有时甚至是对立的。但正是这些不同的声音，合成了理性思维的交响乐。

正如人们通过绘画或乐曲来认识和鉴赏画家或作曲家一样，数学家的数学思想无疑是人们了解数学家和评价数学家的主要依据，也是数学家贡献于人类和人们要向数学家求知的主要内容。在这个意义上我们可以说：

"数学家思，故数学家在。"

数学思想的社会意义

数学思想是不是只有数学家才需要具备呢？当然不是。数学是自然科学、技术科学与人文社会科学的基础，这一点已越来越成为当今社会的共识。数学的这种基础地位，首先是由于它作为科学的语言和工具而在人类几乎一切知识领域获得日益广泛的应用，但更重要的恐怕还在于数学对于人类社会的文化功能，即培养发展人的思维能力，特别是精密思维能力。一个人不管将来从事何种职业，思维能力都可以说是无形的资本，而数学恰恰是锻炼这种思维能力的"体操"。这正是为什么数学会成为每个受教育的人一生中需要学习时间最长的学科之一。这并不是说我们在学校中学习过的每一个具体的数学知识点都会在日后的生活与工作中派上用处，数学对一个人终身发展的影响主要在于思维方式。以欧几里得几何为例，我们在学校里学过的大多数几何定理日后大概很少直接有用甚或基本不用，但欧氏几何严格的演绎思想和推理方法却在造就各行各业的精英人才方面有着毋庸否定的意义。事实上,从牛顿的《自然哲学的数学原理》到爱因斯坦的相对论著作,从法国大革命的《人权宣言》到马克思的《资本论》,乃至现代诺贝尔经济学奖得主们的论著中,我们都不难看到欧几里得的身影。另一方面,数学的定量化思想更是以空前的广度与深度向人类几乎所有的知识领域渗透。数学,从严密的论证到精确的计算,为人类提供了精密思维的典范。

　　一个戏剧性的例子是在现代计算机设计中扮演关键角色的"程序内存"概念或"程序自动化"思想。我们知道,第一台电子计算机(ENIAC)在制成之初,由于计算速度的提高与人工编制程序的迟缓之间的尖锐矛盾而濒于夭折。在这一关键时刻,恰恰是数学家冯·诺依曼提出的"程序内存"概念拯救了人类这一伟大的技术发明。直到今天,计算机设计的基本原理仍然遵循着冯·诺依曼的主要思想。冯·诺依曼因此被尊为"计算机之父"(虽然现在知道他并不是历史上提出此种想法的唯一数学家)。像"程序内存"这样似乎并非"数学"的概念,却要等待数学家并且是冯·诺依曼这样的大数学家的头脑来创造,这难道不耐人寻味吗?

　　因此,我们可以说,数学家的数学思想是全社会的财富。数学的传播与普及,除了具体数学知识的传播与普及,更实质性的是数学思想的传播与普及。在科学技术日益数学化的今天,这已越来越成为一种社会需要了。试设想:如果越来越多的公民能够或多或少地运用数学的思维方式来思考和处理问题,那将会是怎样一幅社会进步的前景啊!

读读大师　走近数学

数学是数与形的艺术,数学家们的创造性思维是鲜活的,既不会墨守成规,也不可能作为被生搬硬套的教条。了解数学家的数学思想当然可以通过不同的途径,而阅读数学家特别是数学大师的原始著述大概是最直接、可靠和富有成效的做法。

数学家们的著述大体有两类。大量的当然是他们论述自己的数学理论与方法的专著。对于致力于真正原创性研究的数学工作者来说,那些数学大师的原创性著作无疑是最生动的教材。拉普拉斯就常常对年轻人说:"读读欧拉,读读欧拉,他是我们所有人的老师。"拉普拉斯这里所说的"所有人",恐怕主要是指专业的数学家和力学家,一般人很难问津。

数学家们另一类著述则面向更为广泛的读者,有的就是直接面向公众的。这些著述包括数学家们数学观的论说与阐释(用哈代的话说就是"关于数学"的论述),也包括对数学知识和他们自己的数学创造的通俗介绍。这类著述与"板起面孔讲数学"的专著不同,具有较大的可读性,易于为公众接受,其中不乏脍炙人口的名篇佳作。有意思的是,一些数学大师往往也是语言大师,如果把写作看作语言的艺术,他们的这些作品正体现了数学与艺术的统一。阅读这些名篇佳作,不啻是一种艺术享受,人们在享受之际认识数学,了解数学,接受数学思想的熏陶,感受数学文化的魅力。这正是我们编译出版这套"数学家思想文库"的目的所在。

"数学家思想文库"选择国外近现代数学史上一些著名数学家论述数学的代表性作品,专人专集,陆续编译,分辑出版,以飨读者。第一辑编译的是 D. 希尔伯特(D. Hilbert,1862—1943)、G. 哈代(G. Hardy,1877—1947)、J. 冯·诺依曼(J. von Neumann,1903—1957)、布尔巴基(Bourbaki,1935—　　)、M. F. 阿蒂亚(M. F. Atiyah,1929—2019)等 20 世纪数学大师的文集(其中哈代、布尔巴基与阿蒂亚的文集属再版)。第一辑出版后获得了广大读者的欢迎,多次重印。受此鼓舞,我们续编了"数学家思想文库"第二辑。第二辑选编了F. 克莱因(F. Klein,1849—1925)、H. 外尔(H. Weyl,1885—1955)、A. N. 柯尔莫戈洛夫(A. N. Kolmogorov,1903—1987)、华罗庚(1910—1985)、陈省身(1911—2004)等数学巨匠的著述。这些文集中的作品大都短小精练,魅力四射,充满科学的真知灼见,在国内外流传颇广。相对而言,这些作品可以说是数学思想海洋中的珍奇贝壳、数学百花园中的美丽花束。

我们并不奢望这样一些"贝壳"和"花束"能够扭转功利的时潮,但我们相信爱因斯坦在纪念牛顿时所说的话:

"理解力的产品要比喧嚷纷扰的世代经久,它能经历好多个世纪而继续发出光和热。"

我们衷心希望本套丛书所选编的数学大师们"理解力的产品"能够在传播数学思想、弘扬科学文化的现代化事业中放射光和热。

读读大师,走近数学,所有的人都会开卷受益。

李文林

(中科院数学与系统科学研究院研究员)

2021 年 7 月于北京中关村

目　录

陈省身
——整体微分几何的创立者

纵论数学

陈省身——整体微分几何的创立者

生平与数学成就

早期经历

陈省身,1911 年 10 月 28 日(农历九月初七)出生于浙江嘉兴城下塘街(现嘉兴市建国路 665 号,当时属嘉兴府秀水县)。父亲陈宝桢(1889—1967)是晚清秀才,辛亥革命之后投身于司法界,1923 年到天津法院任职,携家眷同往。

陈省身未上过私塾和小学,1920 年直接考入浙江秀州中学,读预科一年级。随父母亲来津后,于 1923 年春插班进入天津扶轮中学,读一年级第二学期。1926 年 7 月从扶轮中学毕业后,于 9 月考入南开大学理学院本科,第二年开始专攻数学。因受导师姜立夫教授(1890—1978)的影响,对几何学大感兴趣。

1930 年 6 月以最优成绩从南开大学毕业后,陈省身于 9 月考入清华大学研究生院,师从孙光远博士(1900—1979)研究射影微分几何。1932 年 4 月,德国几何学家 W. 布拉施克(W. Blaschke,1885—1962)来华讲学,在北京大学开设"微分几何的拓扑问题"的系列讲座,陈省身每次都去听讲。布氏的演讲深入浅出,使他眼界大开,认识到投影几何只是数学的旁支,已经远离数学发展的主流。

1934 年,陈省身获得硕士学位,学位论文是关于射影线几何的研究。因各科考试及毕业论文成绩优秀,受资助到国外留学。由于经费来源是美国退回的"庚子赔款",照常例应去美国。但因仰慕布拉施克,他申请改往德国汉堡大学,获批。

1934 年 9 月,陈省身抵达德国汉堡大学,跟随布拉施克研究网几何;仅一年就完成了博士论文,并于 1936 年 2 月通过答辩,获得博士学位。因提前毕业,受中华文化基金会再资助一年,地点任选。遂于 9 月来到法国巴黎大学,追随 E. 嘉当,研究微分几何。嘉当是 20 世纪上半叶最伟大的几何学家之一,但是他的论文十分难懂。陈省身努力钻研,数学功力突飞猛进。

在巴黎访学期间,陈省身已受聘为清华大学教授。1937 年夏,抗日战争爆发。清华大学内迁,与北京大学、南开大学合并为长沙临时大学。陈省身经香港辗转至长沙,开始教学工作。1938 年 2 月,学校又迁至云南昆明,改名为西南联合大学。陈省身也随之来到昆明。1939 年 4 月,与郑士宁女士结婚。在困苦的战时环境中,陈省身在认真教学的同时,仔细研读嘉当的大量论文,得以领悟嘉当几何思想的精髓。

开创大范围(整体)微分几何的新时代

1943 年 8 月，陈省身应邀访问美国普林斯顿高级研究所。三个月后，写出论文《闭黎曼流形高斯-博内公式的一个简单内蕴证明》(*A Simple Intrinsic Proof of the Gauss-Bonnet Formula for Closed Riemannian Manifolds*)，这是陈省身一生中最重要的数学工作。

众所周知，"平面上三角形的内角之和等于 180°"，这是两千多年前古希腊学者欧几里得(Euclid，活跃于公元前300 年)所建立的古典几何学基本公式。到了 19 世纪，德国大数学家高斯(Gauss，1777—1855)开创微分几何学，并把这一公式推广到曲面空间中的三角形；随后，法国数学家 P. O. 博内(P. O. Bonnet，1819—1892)又将其推广到闭曲线所围的区域。

流形是欧氏空间概念的推广——它局部等价于欧氏空间，但整体上千变万化。如何将高斯-博内公式推广到各种流形上，这是 20 世纪早期微分几何学的核心问题。特别是对于结构极其复杂的高维流形，当时人们甚至还不知道这一公式应该如何表达。著名几何学家 H. 霍普夫(H. Hopf，1894—1971)曾经说："把高斯-博内公式推广到高维紧致流形是几何学中极其重要和困难的问题。"陈省身在其不到 6 页的论文中，首创运用嘉当的外微分和活动标架方法，通过在长度为 1 的切向量丛上的运算并结合拓扑学理论,成功证明了一般(偶数维)闭黎曼流形上的高斯-博内公式,使得整个局面豁然开朗。从此以后,"外微分""联络""标架""纤维丛"成为微分几何的基本概念。

1945 年 9 月,陈省身应邀在美国数学会的夏季大会上做一小时演讲,题目是《大范围微分几何若干新观点》(*Some New Viewpoints in Differential Geometry in the Large*),引起极大反响。霍普夫评论道:"此演讲表明,大范围微分几何的新时代开始了,这个新时代以纤维丛的拓扑理论与嘉当方法的综合为特征。"

1945 年 10 月,完成论文《埃尔米特流形的示性类》(*Characteristic Classes of Hermitian Manifolds*)。这是陈省身又一项重要工作。其中提出了一种刻画流形结构的新的不变量,后来就被称为"陈类"(Chern Class)。"陈类"在现代数学中有广泛的应用,特别是在拓扑学、几何学、复分析和代数几何领域,甚至已被深入应用于理论物理学领域。

筹办并主持"中央研究院"数学研究所

1946 年 4 月初,陈省身从美国回到中国上海。不久即受命于当时的"中央研究院",接替已赴美访问的姜立夫教授,负责筹办数学研究所。数学研究所正式成立后,又被任命为代所长,主持所内事务。陈省身认为第一要务是培养年轻人,于是就广泛吸收国内大学数学系最优秀的学生来研究所,并亲自为他们讲授每周 12 小时的"拓扑学"课程。在不到三年的时间内,培养出一批优秀的青年数学家,其中包括廖山涛、陈国才、杨忠道、吴文俊、张素诚、周毓麟、路见可、曹锡华、叶彦谦、陈杰、陈德璜、林铣、贺锡璋、马良、孙以丰等,他们后来大都成为支撑中国数学事业的中坚。

领导美国几何学的复兴

1949 年 1 月,陈省身携全家重返美国普林斯顿高级研究所,担任"维布伦讨论班"主讲人。同年夏天,受聘为芝加哥大学数学系教授。在芝加哥大学 11 年,培养博士 10 人。

1950 年,陈省身应邀在第十一届国际数学家大会上做一小时演讲,题目是"纤维丛的微分几何"。1958 年,应邀在第十三届国际数学家大会上做半小时演讲,题目是"微分几何与积分几何"。1960 年 6 月,离开芝加哥大学,受聘为加利福尼亚大学伯克利分校数学系教授。在该系执教 20 年,使其成为几何与拓扑的中心,并培养了博士 31 人。1970 年,应邀在第十六届国际数学家大会上做一小时演讲,题目是"微分几何的过去和未来"。

1979 年,陈省身从加州大学伯克利分校退休,任名誉教授。

1981 年,被任命为美国数学研究所(Mathematical Sciences Research Institute)首任所长。

陈省身刚到美国时,微分几何研究在美国极其衰落。有人称它已经死亡(It is dead)。在陈省身的带领下,美国的几何学研究繁荣发展,走在世界各国前列。美国几何学家R. 奥斯曼(R. Osserman,1926—2011)在为纪念美国数学会成立100 周年所写的文章中指出:"就美国几何学复兴的一个决定性因素而言,我认为是陈省身于 20 世纪 40 年代末移居美国。"①

创建南开数学研究所,余生献给中国本土的数学事业

1972 年 9 月,陈省身偕夫人郑士宁访问阔别 24 年的祖国,并在中国科学院数学研究所做了"纤维空间和示性类"的演讲。从此,陈省身几乎每年都回国访问讲学,并在与老友的谈话中,多次流露出余生要为祖国的数学事业做贡献的意愿。

1981 年,陈省身与当时的南开大学副校长胡国定三次会谈,讨论建立南开数学研究所的具体事宜。在以后数年中,他花了大量的精力来推进筹建工作,积极争取各方支援,

---

① R. Osserman. The Geometry Renaissance in America:1938-1988. (中译文见文献[2],p387-393.)

并不断地捐钱捐物。1985 年 10 月 17 日,南开数学研究所正式成立,陈省身为首任所长。自此连续 12 次举办"南开数学所数学年"的活动,邀请国际名家为来自全国的中青年数学家和研究生讲课,成为中国数学界的年度盛会。

2000 年 1 月 12 日,夫人郑士宁因病逝世。陈省身在悲痛之余,向有关领导表示:两人百年之后的骨灰就埋在南开校园,没有墓碑,没有坟头,却有一块黑板,供后学者演习数学。

2000 年 9 月,陈省身正式回国定居。

在陈省身和丘成桐的建议下,中国申请并获得国际数学家大会的主办权。2002 年 8 月,国际数学家大会在北京人民大会堂举行,陈省身当选为大会的名誉主席。

2004 年 12 月 3 日 19 时 14 分,陈省身因心肌梗死,在天津总医院辞世。按照他们的遗愿,陈省身夫妇的骨灰安葬在南开校园内,其墓地设计寓意一座数学教室:地上放着 20 来只木凳,以供后学在此休憩和讨论数学;墓碑竖立在墓地一角,其正面呈黑色,宛如黑板,上面刻有陈先生的数学手稿,其中包括著名的高斯-博内公式。

数学思想①

做好的数学

陈省身多次指出，中国要成为"数学大国"，就必须做"好"的数学。只有好的数学，才会有自己的特色，才能在国际数学界取得"独立平等"的地位。

1992 年，陈省身在"庆祝中国自然科学基金会成立十周年学术讨论会"上再次详细论述了这一问题。他说：

一个数学家应当了解什么是好的数学，什么是不好的或不太好的数学。有些数学是有开创性的，有发展前途的，这就是好的数学。还有一些数学也蛮有意思，却渐渐地变成一种游戏了。

让我举例来谈谈。大家也许知道有个拿破仑定理。据说这个定理和拿破仑有点关系。它是说，任何一个三角形，各边上做等边三角形。然后将这三个三角形的重心联结起

---

① 以下所引用的陈省身讲话以及所举的事例，可在本书中或本文所列参考文献中找到。——编者

来，一定是一个等边三角形。各边上的等边三角形也可朝里面做，于是可得到两个解。这个数学就不是好的数学，因为它难以有进一步的发展。当然，你做事累了，坐在沙发上愿意想想这个问题，也蛮有意思，这好像一种游戏，可以解闷。

那么什么是好的数学呢？比如说，解方程就是。搞数学都要解方程，一次方程容易解，二次方程就不同。$x^2 - 1 = 0$ 有实数解，而 $x^2 + 1 = 0$ 就没有实数解。后来就加进复数，讨论方程的复数解。大家知道的代数基本定理就是 n 次代数方程必有复数解。这一问题有很长的历史，当年有名的数学家欧拉（1707—1783）就考虑过这个问题。但一直没有证出来。后来还是高斯（1777—1855）证出来的，还发现复数和拓扑有关，有了新的理解。因为模等于 1 的复数表示一个圆周，在这一圆周上就有很多花样。如果从 $f(x) = 0$ 到解 $f(x, y) = 0$，那就进到研究曲线，当然也可能没有解，一个实点也没有。于是花样就来了。假使你在 $f(x, y) = 0$ 中把 x, y 都看成复数，则两个复数相当于四维空间，这就很麻烦，出现了复变函数论中的黎曼曲面。你要用黎曼曲面来表示这个函数，求解原来的方程 $f(x, y) = 0$，那就要用很多的数学知识。其中最要紧的概念是亏格（genus）g。你把 $f(x, y) = 0$ 的解看成曲面之后，那么曲面有多少个圈，球面环面的不同等花样，都和亏格 g 有关。

此外，你也可以有另外的花样，比如 $f(x, y) = 0$ 的系数都假定为整数,你也可以讨论它的整数解,这就很难了。

这段论述,明确地指出了"好"的数学,即那些有深远意义,可以不断深入,影响许多学科的数学课题。像方程这样的数学问题,其价值是永恒的,不断发展的,所以说它是"好"的数学。

1994年1月6日,陈省身在上海数学会做报告时再次论述了这一问题。他引用18世纪的法国大数学家拉格朗日(Lagrange,1736—1813)的标准,认为好的数学问题应满足两个条件:一、易懂。走在马路上向任何一个人都能讲清楚。二、难攻。这种数学问题必须相当困难,但又不是无法攻克的。符合这两个条件的数学问题不是很多,德国大数学家希尔伯特(Hilbert,1862—1943)在1900年提了23个数学问题,都是好的问题,对20世纪的数学发展起了很大的作用。陈省身在上海的报告中也指出,像费马定理:$x^n + y^n = z^n$($n > 2$)没有正整数解,一看就明白题目的意思。再如三体问题,即研究太阳、地球、月亮三个星体运动的轨道方程,也是不难懂得问题的含义的。这两个题目都很难,却都能着手工作。费马定理终于在1995年被A. 怀尔斯证明,三体问题也陆续有所进展。

陈省身在上海的报告中,还提到中学生数学奥林匹克竞赛题。他说,我是支持数学竞赛的,对数学竞赛的获奖者也一再给以鼓励,希望他们成功。但是数学竞赛题目都不是好的题目,因为在两三个钟头里由青少年学生能做出来的技巧性题目,不可能有很深的含义。这样说,并不是说奥林匹克竞赛题目都出得不好,其含义是,数学奥林匹克竞赛得奖只是一种能力的表现,离研究一个好的数学问题还差得很远,更不可把奥林匹克数学竞赛获奖者等同于数学家。

"最好的数学要有新的观点,把人家的东西照葫芦画瓢,当然不是好的数学。世上所有的科学实验和研究,许多都是浪费的,只有几件事是传得下去的。我们搞数学的人相信,假使数学是好的,一定会有应用。"

那么,好的数学和当前国际上的主流数学有什么关系?陈省身曾解释说:"所谓主流数学,是指一个伟大的数学贡献、深刻的定理,其涵义很广,证明也很不简单。如果要在当前选一个这样的贡献,我想那就是阿蒂亚-辛格指标定理。这个定理可说是 $f(x, y)=0$ 问题的近代发展,即将代数方程、黎曼曲面、亏格等从低维推广到高维和无穷维。"主流数学当然是重要的,研究和学习是非常要紧的。但是,陈省身也认为,数学的方向很多,又是个人的学问,不一定大家都去做主流数学,"我倒觉得可以鼓励人们不在主流数学上做。最理想的情形是:现在做的不是主流,而过几年却成为主流了。"陈省身也常常用他自己的经验来说明这一点。第二次世界大战之前,微分几何不是主流,甚至被认为"已经死了",但到了 20 世纪的下半叶,微分几何却成了主流。陈省身也因先行一步,而成为大范围微分几何的奠基人。陈省身还指出,世界上有一些小的国家,他们着重在一些自己擅长的领域内工作。如 20 世纪初的波兰,着重集合论、泛函分析;芬兰则主攻复变函数的值分布,在这一领域拥有世界上最好的专家。这样有自己的特点、专长,同样会对世界数学做出重大贡献。做好的数学,当然需要能力,就像在茫茫沙漠里找石油,这需要能力去识别,胡乱打井怎么行? 数学也是一样,有能力做好的数学的人都是用功的。当然用功也有不同的形式。例如德国莱比锡的范·德·瓦尔登(van der Waerden,1903—1996),是一天到晚坐在书桌上做研究,而 S. 科-福桑(S. Cohn-Vossen,1902—1936)却是成天走来走去想数学,像是在游荡,但两人都是有成就的数学家。

陈省身也注意到,现在许多有才能的学生都选择计算机、经济管理等热门学科,他认为,数学人才若干年后必然出现紧缺。而数学"这碗饭"又不是什么人都能来担当的,没有十年八年的训练做不了数学家。

抽象的数学会有奇妙的应用

陈省身说:"数学是很奇怪的东西,好像是非常之抽象,好像很多东西只是大家脑筋里头想出来的抽象问题。不过从几千年的历史来看,这种抽象的思想很有用处,很多抽象的结果在其他方面会有很深刻的应用。"①陈省身举了一些例子。比如说,古典几何中的正多面体理论被化学家用来研究分子结构,拓扑学的扭结理论被生物学家用来研究 DNA 结构,研究人口学的论文中会大量出现圆周率 π 这个符号,等等。

而 20 世纪抽象数学一个最神奇的应用,莫过于陈省身在 40 年代所开创的整体微分几何学,竟然在 30 年后与理论物理研究发生了紧密的联系!

几何学家陈省身与物理学家杨振宁碰到同一大象的两个不同部分 1954 年,两位年轻的物理学家杨振宁(1922—)和米尔斯(Mills,1927—1999)为了研究同位旋守恒的问题而创立了一种全新的理论——非交换规范场论。它后来因能成功地解释电磁力、弱力和强力的作用而发展成为现代理论物理学的基础理论。

1975 年的某一天,杨振宁惊奇地发现:规范场正是微分流形纤维丛上的联络! 这使他产生触电般的感觉。他后来写道:"客观宇宙的奥秘与基于纯粹逻辑和追求优美而发展起来的数学概念竟然完全吻合,那真是令人感到悚然。"那天

---

① 陈省身. 抽象的数学会有奇妙的应用. 见文献[2],p140.

晚上,杨振宁驱车来到陈省身家,告知他已经学懂了漂亮的纤维丛理论和深奥的陈省身-韦伊定理。他说:"规范场正是纤维丛上的联络……这既使我震惊,也令我迷惑不解,因为你们数学家居然能凭空想象出这些概念。"陈省身当即反对说:"不,不! 那些概念不是想象出来的。它们是自然而真实的。"陈省身后来回顾道:

> 杨-米尔斯场论发表于 1954 年,我的示性类论文发表于 1946 年……我们竟不知道我们的工作有如此密切的关系。20 年后两者的重要性渐为人所了解,我们才恍然,我们所碰到的是同一大象的两个不同部分。①

正如爱因斯坦的广义相对论使得黎曼几何产生了革命性的变化,规范场论又把微分几何推到了当代科学的前沿。原先认为只是数学家头脑里的"自由创造物",一下子成为十分现实、非常具体的物理结构。这件事震动了 20 世纪 70 年代的科学界,吸引了无数物理学家和数学家的目光。

另一件同样令人感到惊奇的事:陈省身与美国数学家 J. H. 西蒙斯(J. H. Simons,1938—)合作,在 1974 年提出了一种新的几何不变量——后被称为"陈-西蒙斯不变量"。谁

---

① 陈省身. 我与杨家两代的因缘. 见文献[2],p78-80.

也没有想到,这个纯几何概念竟会在 10 多年后又与物理学的杨-米尔斯规范场相联系,导致产生一个崭新的物理学领域——拓扑量子场论。如今,"陈-西蒙斯不变量"已成为同时在数学和物理学文献中出现最频繁的词之一。

"物理就是几何" 1999 年 9 月 24 日,陈省身在复旦大学做"什么是几何学"的学术报告,其中对物理学和几何的关系做了精彩的阐述。

我旁边坐了两位伟大的物理学家(指杨振宁和谢希德)。接下去我想班门弄斧一下,谈一下物理与几何的关系。我觉得物理学里有很多重要的工作,是物理学家要证明说物理就是几何。比方说,你从牛顿的第二运动定律开始。牛顿的第二定律说:

$$F=ma,$$

F 是力,m 是质量,a 是加速度。加速度我们现在叫曲率。所以右边这一项是几何量。而力当然是物理量。所以牛顿费了半天劲,他只是说"物理就是几何"。(大笑,鼓掌)

不但如此,爱因斯坦的广义相对论也是这样。爱因斯坦的广义相对论的方程说:

$$R_{ik} - (1/2)\, g_{ik}\, R = 8\pi K T_{ik}$$

R_{ik} 是里奇曲率;R 是 scalar curvature,即标量曲率;K 是常

数；T_{ab} 是 energy-stress tensor，即能量-应力张量。你仔细想想，它的左边是几何量，是从黎曼度量得出来的一些曲率。所以爱因斯坦的重要方程式也就是说，几何量等于物理量。（掌声）

数学没有诺贝尔奖是幸事

诺贝尔奖作为第一个不考虑国籍、种族、性别和意识形态，完全以学术价值为评判标准的世界性科学大奖，已成为科学家梦寐以求的最高学术荣誉，并在全球朝野产生很大的影响。每年颁发诺贝尔奖，都会引起传媒的一阵骚动。获奖者无比荣耀，以至连获奖者的机构、国家也跟着"沾光"。诺贝尔奖获奖者的人数，甚至成了衡量一个国家科学实力的硬指标。但是，数学没有被列入诺贝尔奖的范围。许多人为此忿忿不平，更多的则是惋惜。

陈省身的看法很特别。"整个说来，诺贝尔奖不来，我觉得是数学的幸事。""数学中没有诺贝尔奖，这也许是件好事。诺贝尔奖太引人注目，会使数学家无法专注于自己的研究。""数学上简单而困人的问题很多。生活其中，乐趣无穷。数学是一门伟大的学问。它的发展能同其他科学联系，是人类思想的奇迹。数学的一个特点，是有许多简单而困难的问题。这些问题使人废寝忘食，或经年不决。但一旦发现了光明，其快乐是不可形容的。"

陈省身所欣赏的"数学那片安静世界",到今天仍然是伟大数学家共同的乐园。A.怀尔斯攻克"费马大定理",足足在普林斯顿面壁八年,他沉浸在费马问题的那片安静的世界里,无声无息地度过了宝贵的数学时光。

陈省身认为"数学没有诺贝尔奖是幸事",并无非难的意思。他认为数学没有诺贝尔奖的理由很简单:

诺奖奖励对人类幸福有贡献的人。所以它包括和平、医学和文学。设奖者高瞻远瞩,知道物理、化学将有大发展,是一个不得了的先见。初奖在 1901 年。第一个得物理奖的是伦琴,因为他的 X 光的发现。

数学的作用是间接的。但是没有复数,就没有电磁学;没有黎曼几何,就没有广义相对论;没有纤维丛的几何,就没有规范场论……物质现象的深刻研究,与高深数学有密切的联系,实在是学问上一个神秘的现象。

科学需要实验。但实验不能绝对精确。如有数学理论,则全靠推论,就完全正确了。这是科学不能离开数学的原因。许多科学的基本观念,往往需要数学观念来表示。所以数学家有饭吃了,但不能得诺贝尔奖,是自然的。

现在世界上的奖越来越多。数学的最高奖有菲尔兹奖和沃尔夫奖。陈省身是 1984 年的沃尔夫奖得主。获奖是一种社会的荣誉,应该珍惜,但不必以此炫耀。对别人获奖,应予尊重,但不要迷信。获奖是结果,而不是目的。1999年,陈省身在颁发"求是科学奖"时对年轻人这样说:

现在大家喜欢讲得奖。我们今天发奖,有奖金,是社会与政府对你工作的尊重。从前在欧洲搞数学,如果没有数学教授的位置,就没有人付你工资,一个主要的办法就是得奖金。有几个科学院给奖金,当然可以维持一段时间,因此就很高兴。不过很有意思的是,黎曼-克里斯托费尔曲率张量是一个很伟大的发现,黎曼就到法兰西科学院申请奖金。科学院的人看不懂,就没有给他。所以诸位,今天坐在前排几位你们都是得奖人,都是得到光荣的人,对你们寄予很大的期望,后面几排的大多数人没有得过奖,不过我安慰大家没有得过奖不要紧,没得过奖也可以做工作。我想我在得到学位之前也没有得过奖。得不得到奖不是一个很重要的因素,黎曼就没有得到奖。他的黎曼张量在法兰西的科学院申请奖没有得到。

总之,获奖只是结果,不是目的。与其追、争、抢奖,不如无奖。

关注数学教育

"数学好玩" 2002年8月,陈省身为"中国少年数学论坛"题词"数学好玩"——这种在中国数学教育史上从未有过的提法,给广大教师和家长带来极大的触动和启发。几天之内,这短短的四个字以惊人的速度扩展,形成了一股强大而清新的旋风,吹进了人们的心田。对于书包过于沉重的中国儿童来说,这一题词实在是太及时、太重要了。一片儿童教育的新天地从此打开。陈省身解释说:

数学是很有意思的科学。所以我给孩子们题词:"数学好玩"。数学课要讲得孩子们有兴趣。孩子们都是有好奇心的。他们对数学本来也有好奇心。可是教得不好,把数学讲得干巴巴的,扼杀了好奇心,数学就难了。[1]

他还说:

不能用一把"理想"的尺子要求所有人。中国的教育古训是"因材施教"。现在中国的教育太注重"分数",人人用一个"总分"来衡量。就像旧时科举一律拿"八股文"的写作来选拔人才,不大合理。不拘一格选人才,让孩子自由地发挥才能,应该是我们追求的目标。

他对于中国数学教育的期望是:

走自己的路,不要学美国的数学教育。我们的学生基础

---

① 见文献[1],p382.

比较好，应当保持。然后注意创造性，使学生对数学发生兴趣，觉得"数学好玩"。我希望，中国的中小学课堂里能够走出一大批世界一流的数学家。

领略数学之美　陈省身常常说：天下美妙的事件不多，数学就是这样美妙的事之一。2003 年岁次癸未，第二年是甲申(猴)年。陈省身突发奇想，要设计一套题为"数学之美"的挂历。他亲自构思、设计，用通俗的形式展示数学的深邃与美妙。挂历中 12 幅彩色月份画页的主题分别为：复数、正多面体、刘徽与祖冲之、圆周率的计算、高斯、圆锥曲线、双螺旋线、国际数学家大会、计算机的发展、分形、麦克斯韦方程和中国剩余定理。每张彩页都有优美洗炼、通俗易懂的文字，介绍重要的数学定理和世界伟大数学家，并以直观、形象的图形和照片资料来解释著名数学公式的产生与应用。整个挂历几乎是一部简明数学概论和数学发展史。陈省身特别青睐复数，故把它作为挂历首页的主题。事实上，他所发现的"陈示性类"就是复向量丛上的拓扑不变量。陈省身说：

　　复数是一个神奇的领域。例如有了复数，任何代数方程都可以解，在实数范围就不可以……我的眼光集中在"复"结构上，"复丛"比"实丛"来得简单。在代数上复数域有简单的性质。群论上复线性群也如此，这大约是使得复向量丛有作用的主要原因。

他还说过："几何中复数的重要性对我而言充满神秘。它是如此优美而又浑然一体。"他为中国古代数学家没有发现复数而感到遗憾。但他在复几何领域的开创性工作应能弥补这个缺憾。

中国要在 21 世纪成为数学大国

1980 年春,陈省身在北京大学演讲时说道:"数学是一门古老的学问。在现代社会中,因为科学技术的进展和社会组织的日趋复杂,数学便成为整个教育的一个重要组成部分。""从几千年的数学史来看,当前是数学的黄金时代。""为什么要搞数学? 答案很简单:其他的科学要用数学。""中国的近代数学,发展较日本为晚。但中国数学家的工作,有广泛的范围,有杰出的成就。"最后,陈省身提出:"我们的希望是在 21 世纪看见中国成为数学大国。"

1988 年在南开数学研究所举行的"21 世纪中国数学展望学术讨论会"上,"21 世纪数学大国"被称为"陈省身猜想"。那么,什么是"数学大国"? 陈省身解释说:

中国数学的目的是要求平等和独立。我们跟西方数学做竞争,不一定非要最优秀,像赛跑似的,非争个第一第二不可。但是一定要争取实质上的平等,在同一起跑线上各有胜负,互有短长。我们也要求独立。就是说,中国数学不一定跟西洋数学做同一个方向,却具有同样的水平。

那么,如何才能使中国数学在 21 世纪占有若干方面的优势?陈省身说:"这个办法说来很简单,就是培养人才,找有能力的人来做数学。找到优秀的年轻人在数学上获得发展。具体一些讲,就是要在国内办十个够世界水平的第一流的数学研究所。"正是在这样的思想指导下,陈省身在天津创办了南开数学研究所。

进入 21 世纪后,中国数学有了长足的进步。2002 年的国际数学家大会在北京召开,有 20 多位在中国内地受教育的数学家在大会上做 45 分钟报告。这时陈省身认为,"21 世纪数学大国"的目标已经初步实现。但是,21 世纪有 100 年,今后的目标应该是建立"世界数学强国"。他意味深长地说:"我们更该想的,是数学大会后怎样使中国的水平赶上发达国家。这比在大会上做几十个报告来得要紧。"

确实,中国当前的数学与数学强国相比,还有不小的差距。努力消除这些差距并在若干方面引领世界数学的发展,以成为名副其实的数学大国和强国,这应是后辈中国数学家奋斗的目标。

参考文献

[1] 张奠宙,王善平. 陈省身传(修订版)[M]. 天津:南开大学出版社,2011.

[2] 张奠宙,王善平. 陈省身文集[M]. 上海:华东师范大学

出版社,2002.

[3] 丘成桐,杨乐,季理真,王善平. 数学与人文(第三辑)[M]. 北京:高等教育出版社,2011.

[4] 吴文俊,葛墨林. 陈省身与中国数学[M]. 天津:南开大学出版社,2007.

纵论数学

对中国数学的展望[①]

数学是一门古老的学问。在现代社会中,因为科学技术的进展和社会组织的日趋复杂,数学便成为整个教育的一个重要组成部分。计算机的普遍应用,也引起了许多新的数学问题。从几千年的数学史来看,当前是数学的黄金时代。工作者的人数是空前的:可以说,健在的数学家的人数超过了历史上出现过的数学家人数的总和。国家社会供养着许多人专门从事数学工作,这是史无前例的。这个现象的结果引起数学的巨大进展,真到了日新月异的地步。现在第一流大学或研究院所讲的数学,往往是二三十年前所不存在的。

不同于音乐或美术,数学的弱点是一般人无法理解。在这方面数学家所做的通俗化工作是值得赞扬的,但一般人总与这门学问隔着一段距离,这是不利于发展的。数学是一个有机体,要靠长久不断的进展才能生存,进步一停止便会死亡。

---

① 本文为陈省身先生 1980 年春在北京大学、南开大学和暨南大学讲话的增订稿。原载于《自然杂志》第 4 卷第 1 期,1981 年。

为什么要搞数学呢？答案很简单：其他的科学要用数学。我先讲一个故事：甲乙两人是中学同班，毕业后各奔前程。有一天相见了，甲便问乙：你这几年做什么事？乙说：我研究统计，尤其是人口问题。甲便翻看乙的论文，见到许多公式，尤其屡见 π 这个符号。甲说：这个符号我在学校时念过的，是圆周长与直径的比率，想不到它会和人口问题发生了关系。

在中国，通常把实现现代化譬成第二次长征。数学在这个长征中是小小的一环。法国大数学家庞加莱说：在科学的斗争中，敌人是永远在退却的。因此这次长征比第一次幸运多了。但困难是近代科学浩如烟海，又是不断在进展；胜利将是遥远的，同样需要艰苦的工作。

在向现代化进军中，数学是占一些便宜的：第一，设备需要极少；第二，研究方向不很集中。因此小国家和小的学校都可以有活跃的数学环境和受人尊敬的数学家。波兰、芬兰都是有名的例子。

通常把数学分为纯粹的和应用的，其实这条分界线是很不确定的。好的纯粹数学往往有意想不到的应用。爱因斯坦广义相对论所需的微分几何，黎曼在六十多年前已经发展了。量子力学所要的算子论，希尔伯特早已奠定了它的数学基础。近年来理论物理的研究中，统一场论是一个热门。去年萨拉姆和温伯格因为统一了电磁场与弱作用场而获得诺贝尔奖。它的数学基础是杨振宁和米尔斯的规范场论。后者在微分几何中叫作联络,它的几何与拓扑性质,是近三十多年来微分几何研究的主要对象之一。

微分几何是微积分在几何上的应用。我不能不提它的曲线论在分子生物学上的作用。我们知道,DNA 的构造是双螺线。它的全挠率的研究引用 J. 怀特的公式,这是当今实验分子生物学的一个基本公式。

这些贡献在纯粹数学上有开创性,在应用上成为基本的工具,是第一流的应用数学。

中国的近代数学,发展较日本为晚。但中国数学家的工作,有广泛的范围,有杰出的成就。缺点是人数太少。比较起来,美国数学会的会员人数多达近万人!

要使中国数学突进,个人意见,宜注意以下两点:

第一,要培养一支年轻的队伍。成员要有抱负,有信心,肯牺牲,不求个人名誉和利益。要超过前人,青出于蓝,后胜于前。中国数学如在世界取得领导地位,则工作者的名字必然是现在大家所未闻的。

第二,要国家的支持。数学固然不需要大量的设备,但亦需要适当的物质条件,包括图书的充实、研究空间的完善以及国内和国际交流的扩大。一人所知所能有限，必须和衷共济，一同达成使命。

我们的希望是在 21 世纪看见中国成为数学大国。

五十年的世界数学[①]

中国数学会 50 周年纪念，今天躬逢盛会，十分幸运。受邀做报告，更是无上的光荣。刚才苏先生讲了 50 年来中国数学的长足进步，令人兴奋。中国数学的最终目的是要达到国际水平。所以我想借此机会回顾一下 50 年来世界数学的进展。

先讲一点个人的经验。1935 年我在德国汉堡读书。那是当时德国数学的一个中心。记得教代数拓扑的是代数学家阿廷。当时一本最好的书是新出的由赛费特和思雷尔福尔两人编著的（此书曾由江泽涵先生译成中文）。现在这是最易入门的研究院课程，其中前半本的内容是研究生的常识，处理得比从前优越得多。我们现在的拓扑知识，恐怕十倍于这书的内容。现在研究院高深课程的内容，50 年前大多还没出现。

---

① 1985 年，中国数学会在上海复旦大学举行"中国数学会 50 周年年会"。这是陈省身先生在开幕式上的讲话。原载于《科学》第 38 卷第 1 期，1986 年。

要讲 50 年的数学，真是"一部二十四史从何说起"。所以我只想看一下几个著名的国际数学奖和得奖者的工作范围。我要说清楚，这并不包括所有的重要工作。这 50 年中数学的范围扩大了，数学工作者人数大量的增加，数学内容变化之快是史无前例的。

现在最有名的国际数学奖是国际数学家大会的菲尔兹奖章。菲尔兹是加拿大多伦多大学的教授，遗嘱捐款设此奖学金，目的是奖励年轻的工作者。所以得奖者的年龄都限于40 岁以下。此奖在开会时发给，约每 4 年一次。从 1936 年起一共给过 27 人。华裔的丘成桐教授于 1982—1983 年获此奖章。

从 1979 年起以色列的沃尔夫基金设一奖金。每年一次，金额巨大。有 6 个项目，包括数学。因为没有年龄限制，所以给奖标准是一个数学家的全部工作。一共给过 14 人。得奖者年龄都在 60 岁以上。1983—1984 年我是得奖者之一。

先后获两次奖的有两人。一是阿尔福斯，原籍芬兰，现美籍；一是日本的小平邦彦。

他们工作的范围是什么呢？这些人都是很广的，很难说是哪一方面的专家。我统计了一下，大多数与拓扑、分析或数论有关联。总括来说，他们继承了从高斯以来的伟大传统，不分纯粹的与应用的数学，熔各门于一炉。我们可以叫它做"核心数学(core mathematics)"。数学是有连续性的,几千年来,从欧几里得到高斯,再到以上 41 位得奖者及他们的朋友们,精神是一致的。

但是范围却大大地扩充了。18、19 世纪数学的基本问题是了解无穷:无穷小及无穷大。所以分析是数学的核心,变数只有一个。数学上的一个奇迹是复数的存在;一个复数相当于两个实数。因之复函数论的研究牵涉二维空间,以及高维空间。拓扑的发展便势不可止。上面所说阿尔福斯教授的工作在单复变函数论,而小平邦彦教授的工作则在超越代数几何。两者都以复数为基础,显然是近代数学的一个重要因素。

19 世纪的数学是一维的,而 20 世纪的数学是高维的,并且空间不止一个。因之拓扑便成基础。它所发展的整体性观念可以用于其他数学。

数论是最深刻的应用数学。整数论固然美丽,代数数论才是堂奥。它与代数几何不可分割。一切都是上乘的核心数学。

我也应提到应用数学方面的奖。最近的一个是日本的京都奖,奖额甚巨。获奖的两个数学家是信息论的奠基人香农和系统科学的奠基人卡尔曼。因为科技的进步和计算机的发展,应用数学产生了许多新领域。从另一方面讲,数学的传统应用在物理,两者的关系仍旧是异常密切。规范场论与纤维丛的联络,弦论与卡茨-穆迪代数都是显著的例子。至于进化方程的孤立子解先从计算机测得则更是惊人的事实。

核心数学和应用数学都在不断地推进和深入,也不断地打成一片。近代数学是充满着活力的。

诸位同志:我们今天庆祝前 50 年的成就,我们更应为今后 50 年做计划。近年来看到许多年轻有为的数学工作者,深信今天是中国数学黄金时代的开始,我也深信今后 50 年内(或更短期内)必然有数学家基于在中国本土的工作获得国际上的最高荣誉。中国数学同世界数学是分不开的。

最后我愿引苏先生的几句话结束我这个讲话:"我们要坚持严谨治学与团结奋斗这两条……我们一定要发扬民主,集思广益,互相尊重,合作共事,把学会事业办得更好。"

年轻数学家要熟读名家的著作①

阿蒂亚在接受《数学信使》杂志（*The Mathematical Intelligencer*，1984 年第 6 卷第 9～19 页）采访②，被问及谁是他最钦佩的数学家时，他说："我想这很容易回答。我最钦佩的人是 H. 外尔（H. Weyl）。他对群论、表示论、微分方程、微分方程的谱性质、微分几何、理论物理都有兴趣；而我做的几乎每件事情从精神上讲都是他做过的。同时我也完全赞同他的数学理念，以及关于哪些是数学中有意思的东西的看法。"我们发现上述关于数学的理念与精神在这套全集中被保留和延续了下来。

我建议我的中国同行和学生将这部论文集视为一套高级的"教科书"。无论关于某项工作的新论述有多么精巧和完善，相关的原始文章通常更直接而切中要害。我年轻时，

① 这是陈省身先生为《阿蒂亚论文全集》（*Michael Atiyah Collected Works*. Oxford Press，1988）大陆发行本所做的序，张伟平译（见：张伟平. 指标定理在中国的萌芽：纪念陈省身先生. 高等数学研究，2011，14（5）：1-3.）。本书编者对译文稍有订正，并另加标题。

② 已由王启明译为中文《阿蒂亚访问记》，收入《数学的统一性》。（袁向东编，大连理工大学出版社，2014.）

曾听从指导阅读 H. 庞加莱（H. Poincaré）、D. 希尔伯特（D. Hilbert）、F. 克莱因（F. Klein）、A. 胡尔维兹（A. Hurwitz）等名家的著作而获教益。后来我更加深入地阅读了 W. 布拉施克（W. Blaschke）、埃利·嘉当（Elie Cartan）和 H. 霍普夫（H. Hopf）的文章。

这也与中国的传统相通：古人被要求熟读孔子的《论语》、韩愈的散文和杜甫的诗。我真诚地希望，这些论文集不是被作为摆设束之高阁，而是在年轻的数学家手中被翻烂。

中华民族的数学能力不再需要证明[①]

首先我要谢谢吴文俊先生的精彩的报告。在短短的一个小时时间,大家学到了很多关于拓扑学,它的历史,它的基本概念,我们也学到姜伯驹教授、李邦河教授对于拓扑上的重要贡献。稍微有一点点补充,吴文俊先生讲起梅花结,就是空间这个结没法子打开,他画了一个图。这个梅花结好像是很简单的一个几何的问题,现在在物理上有很重要的发展。这个结论在统计力学,尤其是在杨振宁的方程里是一个重要因素。因此我也许可以提到杨先生在南开数学所办理论物理组,最近他和葛墨林先生编了一本书,关于统计力学的。那本书里最后的一篇文章是威腾的文章。我想威腾是现代最了不起的理论物理学家和数学家,威腾的文章是要建立一个统一场论,把所有的场都包括在里头,而它的基础是拓扑和微分几何。他是一个物理学家,他写的这篇文章,对于数学家讲非常难懂,他随便说几句话但没有数学上严格的

---

① 这是陈省身先生在第二届"陈省身奖"颁奖仪式上的讲话,标题为本书编者所加。原载于《中国数学会通讯》1989 年 11 月。

证明。现在世界上最有名的几何学家、拓扑学家,都在拼命念威腾的文章,拿他的一句话两句话想法子证明它,往往都是对的,但证明有时很困难,至少现在没法子完全证明,我自己个人现在就花大部分时间,想法子死啃威腾的文章。这个情形就像当年庞加莱一样,吴先生讲,当年搞拓扑学一个主要的态度就是苦念庞加莱的论文,庞加莱说的简简单单的话,你需要很多时间去了解它,更多的时间证明它。威腾的这篇文章是在杨振宁和葛墨林所编的统计力学书里的最后一篇。

我还有一点补充,讲到不动点理论,也是一点数学史。不动点理论的一个结果,就是所谓代数的基本定理,任何代数方程式一定有复数解。大家不一定知道,这是一个很难的问题,当年高斯给了很多的证明。但在高斯以前一个很伟大的数学家叫欧拉就证明不了,欧拉想法子只证明特殊的情形,一般的情况一直到高斯用到拓扑的观念才把它完全证明。

今天给这个奖,我先说一说它的过程。有一天我在加州的家里,杨振宁先生给我打电话,他说香港有位刘永龄先生要跟我讲话。我就跟永龄谈,他就提议设这个奖,对于我讲这是一个无上的荣誉。也是刘先生对祖国的数学愿意出力,做这样贡献,也是值得我非常大的敬佩。我说当然可以。事情觉得是突如其来,向来没有奖用过我的名字。这次是第二次颁奖。这两次来,我们从刚才吴先生的报告中可以知道,人选的选择非常适当。得奖的人,这次他们两位(李邦河和姜伯驹)和上次两位(不幸钟家庆教授去世了),都达到了国际水平,在国际上得同样性质的奖也毫无愧色。所以中国的数学已经不必再有自卑感了,已经达到国际水平,不过可以做得更好一点。

在此我想提到一个事情,今年一个重要的消息是,在国际数学竞赛上中国得了第一名,在两年前中国参加是第四名,去年达到了第二名,今年是第一名。这是很不容易的事情。参加的有四五十个国家。这次我知道发表消息之中举了考试的一道题目,至少这道题目我不会做。题目是很难的。而中国的年轻小孩子,能够得到这样的成就,面对强的国家,像苏联、罗马尼亚、东西德、美国这样很强的国家,得到第一名,这是很光荣的一件事情。我想我们应该继续培养这些年轻人,使得他们其中有一部分能够成为数学家。也许十年后,在数学上中国因为在中国本土的工作可以得菲尔兹奖。我们知道丘成桐教授得菲尔兹奖,不过他的工作是在美国做的。这是一件兴奋的事情。

再举一件事情。今年夏天美国数学会在加利福尼亚开一个多复变函数讨论会,一共三个星期。如果你参加多复变函数讨论会,你可以了解到,中国的华裔数学家是领袖,肖荫堂、丘成桐,年纪轻一点的莫毅明、田刚这些人,他们的工作是完全受开会的注意,是这个会议中最重要的工作。除了我刚才提到的以外，还有很多年轻的中国人是他们的学生。所以在那个星期去参加这个会的话，差不多等于是在中国开会似的，参加的多半是中国人，表示在多复变函数领域，中国是领先全世界的。这是很大的成就。另外这几年来因为教委的支持，我们继续派留学生到美国去，这些留学生之中优秀的非常之多，很多最好的学校、最好的研究院，普林斯顿、哈佛等，数学系里最好的研究生是中国去的。稍微中等的学校，他们招不到美国的研究生，就更不得了了，一进去的话，就像今天这样子，做个报告，坐的都是中国学生。

我喜欢说要把中国变成一个数学大国。如果广义地讲，把全世界的华裔都算中国，假使中国统一了世界，已经是数学大国。现在已经有些成就。刚才王元同志讲到他年轻的时候，尤其是我年轻的时候，我们的自卑感，他看到我的论文在斯廷罗德的书里头。我记得当时在富比尼的书里头看到中国的唯一的一篇论文是我的老师孙镕先生的；还不是什么了不得的文章，只是在文献里头引到的论文没有中国的名字，只有孙镕先生有一篇。那种情形之下也许有点自卑感。现在我想不是自卑感，中华民族的数学能力不需要再证明了，完全明显了。现在就是如何再继续发扬。我有几点具体的建议，刚才我讲国际数学竞赛，证明有许多中国年轻人数学能力很高。并且裘宗沪先生跟我讲不仅是出去这一队，中国可以再出一队，也都是很有能力的。在另外一方面讲，我想也应该说,不一定把这种竞赛看得太重要。英国当年牛津剑桥的数学比赛,也是有很难的题目。据统计,以后有成就的数学家,很少是数学竞赛考第一的,唯一的例外是麦克斯韦。据我的了解现在全世界的人都不愿念数学。苏联的学生也不愿念数学。大家不念数学,我想刘永龄先生一定同意,这个时候你就要念数学,将来数学就值钱了。我们要想法子努力培养年轻有能力的人继续念数学,不仅是中国的光荣,恐怕对于他们将来的事业也是很有意义的一件事情。我们并不希望所有的人都来念数学,念数学的人太多了也并不好,但要有相当一部分有能力的人念数学。第二点我想到的是,中国数学要独立。既然有了自信心了,不一定要跟其他的国家,或者其他的大师同样的方向去做。要独立的话,最主要一点,大家要对数学有一个深切的了解。为什么要念数学,当前数学的问题是哪些问题,大致看将来的数学,十年、二十年甚至于五十年的发展应该是哪些地方。观念往往不是固定的,今天是这样想,也许明天你可以改变。不过你允许这种改变,就要对数学本身有一个整体的看法。我觉得中国有一个方向可以发展,就是数学史。因为数学史这个方向西方国家现在不够重视。这是我个人觉得。什么东西的发展都有历史的程序,了解历史的变化是了解这门学科的一个步骤。据我知道中国有很多位学者对数学史有兴趣,我觉得应鼓励他们在这方面的工作。数学史很难搞,是很花功夫的事情。并且老的西方数学史不大好搞。你要搞老的——中古,甚至于近代一点的,19世纪的数学史都很困难,需要很多年拉丁文的训练。不过我想近代的可以。我记得有一种建议,中国改革开放之后,许多一流的科学家到中国来访问,其中包括许多一流的数学家。为什么不趁机会写一个访问记。他们在这里访问,我们轮流的有几位,尤其是对数学史有兴趣的人写一些访问记。我想50年后这是有价值的材料。数学其他的发展,现在工作很多的是离散数学。我们这些岁数大的人有这个训练——拓扑学。拓扑学念好很不容易,拓扑学要念进去,或者数论要念进去,十年苦功也许才能入门。离散数学问题就比较多了,尤其因为最近计算机的发展,产生很多有意思新的离散数学的问题。总而言之,我的意思是说,从此不要再跟着人家。想法子找到新的有意义的方向,在这个方向中国的数学家领头地做一些工作,不再跟了。

其次有些实际的问题,我觉得在中国这个情形之下也许可以做的。我觉得中国应该多一些地域性的数学会议。因为国家太大了,开一个全国性的会要花很多钱。地域性或从其他地方邀请几个人来做几个报告,比较来说用钱用得不多。去年我们开一个21世纪的数学会议,李铁映同志特别拨了一点点钱,他还跟我讲我们有希望以后可拿到更多的钱。为什么要注意地域性的呢?吴文俊先生给我们的报告是个模范。怎样能够在短时间内把一个重要的方面讲一个大概。

很要紧的是全国对数学有兴趣的人要有一个水平。刚才我讲搞新的方面，搞不同的方面，我们一定要维持一个水平。没有这个水平，普通一个人对数学有兴趣，有些老先生可以花很多时间，做一些费马问题、哥德巴赫问题。我们要不断努力，最重要是工作，因为这些人缺乏数学训练，根本不了解什么叫作数学的证明。像这类基本的训练，基本的了解，了解数学有个水平，我想大家也都应该做的。

最后我想到，最近几年来，也许交流的机会会减少一些，我就想到毛主席讲的自力更生，我想什么事情最后都要靠自己，尤其是年轻的人，今天可惜年轻的人不多，不过大家回去可以转告。年纪轻的人应该联合起来搞自己的工作，不一定靠外国专家，甚至不一定靠中国专家。一个很有名的例子，是法国的布尔巴基学派，布尔巴基成了一个重要的学派。这些人就是因为巴黎的数学领袖人物，巴黎大学教授大部分都搞函数论。对于后来发展的新的数学，老教授们不知道，所以年轻有为有志的法国数学家，他们自己成立一个学派，自己闯。我深切地了解科学家稍微有点虚名就忙得不得了。虚名涨高，数学退步，精力又差，没有什么用处，越来越没用处。所以年轻人要靠自己，自己来组织，自己来找题目，自己来讨论。不要靠国外的专家，也可以少靠国内的老师的帮助，自动地去做。我记得从前看法国有名的小说家罗曼·罗兰的一本书，这本书讲德国无名音乐家的历史，当年德国一些年轻的音乐家到罗马去学音乐,罗马人说这些人是野蛮人,他怎么能懂音乐。可是没有多少年,德国出瓦格纳,出贝多芬,出巴赫一大群伟大的音乐家。所以一切都靠努力,有志气,尤其是搞数学,现在这个情况下,即使有困难也都是可以克服的。有些物质上的困难我们就靠刘永龄先生。

大家要了解,数学是很有希望的,两千年来历史,现在成为伟大的学科,跟应用的关系,计算机理论甚至生物学工程各方面的关系多得不得了。这是一个奇怪极了的事情。你在解一个方程式 $x^2 + 1 = 0$ 的根,结果,像这种样子的讨论会有应用,不能想象。这个方程式要有意思,就需要有复数,结果,复数是会有应用,这是神妙极了的一件事情。所以数学的前途是非常有希望的。在中国这个环境下有很多很多的事情要做。

我的话就到此结束。

21 世纪的数学^①

今天我很荣幸能有这个机会同大家讲话。我先讲两个故事。

我们都知道欧几里得的《几何原本》,这是一本数学方面的论著。完成于两千多年以前。它对于人类是一个很伟大的贡献。书中包括了分析和代数,不限于几何,目的是用推理的方法得到几何的结论。其中,第13章的内容讲的是正多面体的面数。正多面体就是这样一个多面体:它的面互相重合,同时通过一个顶点和每面的边数是相同的。正多面体在平面上的情形是正多边形。正多边形很多,有正三角形、正四边形等。当时发现,到了空间,讨论正多面体就不这么简单了。空间的正多面体少得多,一共有五种正多面体:四面体、六面体、八面体、十二面体,最大的一个是正二十面体。有个朋友写了一本书,把这些漂亮的几何图形都收进去了,我这里有一份彩色的拷贝。

① 本文是 1992 年 5 月 31 日陈省身先生在"纪念国家自然科学基金十周年学术报告会"上的讲话。原载于《中国数学会通讯》1992 年 6 月。

有些人可能会想,数学家们一天到晚没有事情可做,无中生有,搞这些多面体有什么意思?不过我跟张存浩先生讲,现在化学里的钛化合物就跟正多面体有关系。这就是说,经过 2000 年之后,正多面体居然会在化学里有用,有些数学家正在研究正多面体和分子结构间的关系。我们也知道,生物学上的病毒也具有正多面体的形状。这表明,当年数学家的一种"空想",经历了这么长的时间之后,竟然是很"实用"的。

我再讲一个许多人都在讲的故事。有两个中学时代的朋友,多年未见了,一天忽然碰到。甲对乙说:"你这些年在做什么事?"乙说:"我在研究人口问题。"甲当然很想看看老朋友的工作,于是拿来乙的人口学论文一读,发现论文出现很多 π。他觉得好奇怪:π 是圆周率,圆周与直径之比,这怎么会和人口学扯上关系?这个问题与上面的正多面体问题说明了同样的一点,即基础科学,特别是纯粹数学,很难说将来会在什么时候有用,并且起到很重要的作用。如果要求基础科学立刻就要有作用,那是太短视了。

数学家经常在家里想问题,想出来的东西为什么会有用?我想,主要的原因就是它的基础非常简单,又十分坚固,它的结果是根据逻辑推理得出来的,所以完全可靠。逻辑推理比实验证实所获的结果要更为可靠些。数学由于它的逻辑可靠性,因而是一门有坚实根底的学问,这是数学有用的一种解释。

还有一个问题是，为什么许多不同的学科往往会用到相同的数学？这也是弄不清楚的问题。一种解释是好的数学太少。天下的高山就那么几座，天下漂亮的东西总是不太多。你到了北京，去玩漂亮的地方，无非是长城、天坛、故宫，总之不太多。数学要讲应用，就往往归结到那几种特别好的数学，这种好数学也不多。

我的题目是讲 21 世纪的数学，也就是要讲中国的数学该怎么发展，如何使中国数学在 21 世纪占有若干方面的优势。这个办法说来很简单，就是要培养人才，找有能力的人来做数学。找到优秀的年轻人在数学上获得发展。具体一些讲，就是要在国内办十个够世界水平的第一流的数学研究院。中国这么大，不仅北京要有，别的地方也应该办，一般说来，也许应该办十个。

至于什么叫够水平，第一流，这并没有严格的定义。我只能说南开数学所不够水平，南开要达到世界水平还需要很多的努力。

中国科学的根子必须在中国。中国科学技术在本土上生根，然后才能长上去。可是要请有能力的人来做数学很不容易。我从 1984 年开始组建南开数学所。开始想，请有能力的人来所工作就是了。可是由于种种原因，很难做到这一点。我们办第一流的研究所就是要有第一流的数学家。有了第一流的数学家，房子破一点，设备差一点，书也找不到，研究所仍是第一流的。不然的话，房子造得很漂亮，书很多，也有很贵的计算机，如果没有人来做第一流的工作，又有什么用处？我看到这种情形，就改变想法，努力训练自己的年轻人，培养自己的数学家，送他们出国学习，到世界各地，请最好的数学家给予指导。

我很高兴地告诉大家，这些措施已经开始出现成效。比方说贺正需，他到美国加州大学圣地亚哥分校跟弗里德曼学。弗里德曼得过菲尔兹奖，是年轻的领袖人物。他亲自对我说，贺正需是他最好的学生。贺正需现在在普林斯顿。再比方说，王蜀光。他是王宽诚基金会资助出国的，在选拔考试中获第一名。我介绍他到英国牛津大学，跟唐纳森。唐纳森是英国当代最不得了的年轻数学家。我想他大概还不到30岁，现已成为牛津大学的教授。王蜀光一年前已完成了他的博士论文。另一位王荣光（不是兄弟）也是王宽诚基金会资助出国的，他到美国哈佛大学跟陶布斯读博士学位，今年也做完了论文。还有一位是张伟平，他的老师是别斯缪，是法国最有名的年轻数学家（另一位是孔涅）。张伟平在巴黎只用两年时间完成了博士论文，现在在巴黎的高级研究所做博士后。我还可以提到一些人，这里不能一一列举了。

上述四人中，张伟平已答应明年回国，回到南开来。明年张伟平如果回来的话，我希望政府能给一些方便，像这样的人才，希望能留住他。留学生能否回来，主要是国内的环境：待遇问题，对有成就的科学家要给予相应的待遇，今天我不准备谈这个问题。我只是说，世界上的人才应该是流动的，欧洲回来的人可以再到美国去，当前政策比较宽松，要出国也容易。所以必须想法子留住人，有适当的政策。当然我只会处理数学，政策问题不是我所能处理的。

下面谈谈主流数学与非主流数学的问题。大家知道，数学有很多特点。比如做数学不需要很多设备，现在有电子邮件（E-mail），要的资料很容易拿到。做数学是个人的学问，不像别的学科，必须依赖于设备，大家争分夺秒在一些最主要的方向上工作，在主流方向做出你自己的贡献。而数学则不同。由于数学的方向很多，又是个人的学问，不一定大家都集中做主流数学。我倒觉得可以鼓励人们不一定在主流数学上做。常有的情形是现在不是主流，过几年却成为主流了。这里我想讲讲个人的经验。1943 年，我在西南联大教书，杨振宁先生在学校里做研究生。那年我应邀从昆明到普林斯顿高级研究所去，杨先生后来在那里做教授。靠近普林斯顿有一个小城叫作新不伦瑞克，是新泽西州立大学所在地。我 8 月到普林斯顿，不久，就在新不伦瑞克参加美国数学会的暑期年会。由于近，我也去听听演讲，会会朋友。有一次我和一位美国非常有地位的数学家聊天，他问我做什么，我说微分几何,他立刻说:"It is dead(它已死了)。"这是 1943 年的事,但战后的情形是微分几何成了主流数学。

因此,我觉得做数学的人,有可能找到现在并非主流,但很有意义、将来很有希望的方向。主流方向上集中了世界上许多优秀人物,投入了大量的经费,你抢不过他们,赶不上,不如做其他同样有意义的工作。我希望中国数学在某些方面能够生根,搞得特别好,具有自己的特色。这在历史上也有先例。例如:第二次世界大战以前,波兰就搞逻辑、点集拓扑。他们根据一些简单公设推出许多结论,成就不小。另外如芬兰,在复变函数论上取得成功,一直到现在。例如在拟共形映射上的推广一直在世界领先。因为他们做的工作,别的国家不做,他们就拥有该领域内世界上最强的人物。我还可以举出更多的例子。

我刚才提到要办十个够水平的研究院,怎样才会够水平呢?

第一,应当开一些基本的先进课程。学生来了,要给他们基本训练,就要为他们开高水平的课。所谓的基本训练有两方面。一是培养推理能力,一个学生应该知道什么是正确的推理,什么是不正确的推理。你必须保证每步都正确。不能急于得结果就马马虎虎,最后一定出毛病。二是要知道一些数学,对整个数学有个判断。从前是分析有关的学科较重要。20 世纪以来是代数较时髦，群论、群表示论，后来是拓扑学，等等。总之，好的研究中心应该能开这些基本课程。如不每年开，也可以两年开一次。在我看来，中国要做到这一点是不困难的。无非是两条：一是讲授研究院的某些课程，给予奖金。二是另外也可请几个国外的人来教。请的人如果不是最活跃的，甚至请退休的人来，花费并不大，他们在国外已有退休金，请到中国来只要安排好生活，少量的旅游也就可以了。这样，数学研究院会有一个完整的课程体系。

第二，我想必须要有好的学生。我们每年派去参加国际奥林匹克数学竞赛的中学生都很不错。虽然中学里数学念得好将来不一定都研究数学，不过希望有一部分人搞数学，而且能有成就。昨天，我和北京的一些数学竞赛中获奖的学生见面，谈了话。我对他们说，搞数学的人将来会有很大的前途，十年、二十年之后，世界上一定会缺乏数学人才。现在的年轻人不愿念数学，势必造成人才短缺。学生不想念数学也难怪。因为数学很难，又没有把握。苦读多年之后，往往离成为数学家还很远。同时，又有许多因素在争夺数学家，例如计算机。做一个好的计算机软件，需要很高的才能，很不容易。不过它与数学相比，需要的准备知识很少。搞数学的人不知要念多少书，好像一直念不完。这样，有能力的人就转到计算机领域去了。也有一些数学博士，毕业后到股票市场做生意。例如预测股票市场的变化，写了计算机程序，以供决策。这样做,虽然还是别人的雇员,并非自己当老板,但这比大学教授的薪水高得多了。因此,数学人才的流失,是世界性的问题。

相比之下,中国的情况反而较为乐观,因为中国的人才多流失一些还可以再培养。流失的人如真能赚钱,发财之后会回来帮助盖数学楼。总之,我们应取一个态度:中国变成一个输送数学家的工厂。出去的人希望能回来,如果不回来,建议我们仍然继续送。中国有的是人才,送出去一部分在世界上发挥影响也是值得的。我们要做的事是花不多的钱,打好基础,开出好的课。基础搞得好了,至于出去的人回来不回来可以变得次要些。这是我的初步想法。

比方说,参加国际奥林匹克数学竞赛的人,数学都是很好的。如果他们进大学数学系,我建议立刻给奖学金。这点钱恐怕很有限,但效果很大,对别人也是一种奖励。中国的孩子比较听家长、老师的话。孩子有数学才能,经过家长、老师一劝,他就念数学了。

对好的数学系学生来说,到国外去只是时间问题。你只要在国内把数学做好,出国很容易。国内做得很好的话,到了国外不必做研究生,可以直接当教授。中国已有条件产生第一流的数学家,大家要有信心。

培养学生我主张流动。19世纪的德国数学,当然是世界第一。德国的大学生，可以到任何大学去注册。这学期在柏林听魏尔斯特拉斯的课，下学期到格丁根听施瓦兹的课，随便流动。教授也可以流动。例如柏林大学已有普朗克、爱因斯坦，一个理论物理学家在柏林大学自然没有发展的希望，就不妨到别的学校去创业。我希望中国的学生、教授都能流动。教授可以到别的学校去教课，教上半年。各个数学研究院的教授也能互相交换。

我想再稍微讲点数学。刚才说过，选择数学研究方向并不一定要跟主流，可以选自己特别喜欢的那些分支。不过，一个数学家应当了解什么是好的数学，什么是不好的或不大好的数学。有些数学是具有开创性的，有发展的，这就是好的数学。还有一些数学也蛮有意思，但渐渐变成一种游戏了。所以选择好的数学研究方向是很要紧的。

让我举例来谈谈。大家是否知道有个拿破仑定理？这个定理也许和拿破仑并没有关系，却也蛮有意思。定理是说任给一个三角形，各边上各做等边三角形，然后将这三个等边三角形的重心连起来，又是一个等边三角形。各边上的等边三角形也可朝里面做，得到两个解，等等。这个数学就不是好的数学。因为它难有进一步的发展。当然，如果你感到累了，愿意想想这些问题，也蛮有意思，这好像一种游戏。那么什么是好的数学？比方说解方程就是。搞数学都要解方程。

一次方程易解。二次方程就不同。$x^2-1=0$ 有实数解。$x^2+1=0$ 就没有实数解。后来就加进复数,讨论方程的复数解。大家知道的代数基本定理就是 n 次代数方程必有复数解。这一问题有长的历史。当年的有名数学家欧拉就考虑过这个问题。欧拉的名望很高,但当时没有教授的职位,生活上也很困难。那时的德国皇帝认为皇宫中一定要有世界上最好的数学家,所以就把欧拉请去了。欧拉就曾研究过代数基本定理,结果一直没有证出来。后来还是高斯发现了复数与拓扑有关系,有了新的理解。因为模等于 1 的复数表示一个圆周,在这圆周上就会有很多花样。第一个会证明代数基本定理的是高斯,而且给了不止一个证明。

如果从解 $f(x)=0$ 到 $f(x,y)=0$,那就进到研究曲线,当然也可能没有解,一个零点也没有。于是花样就来了,假使你在 $f(x,y)=0$ 中把 x,y 都理解为复数,则两个复数相当于四维实空间,这就很麻烦,出现了复变函数论中的黎曼曲面。你要用黎曼曲面来表示这个函数,求解原来的方程 $f(x,y)=0$,那就要用很多的数学知识。其中最要紧的概念是亏格 g。你把 $f(x,y)=0$ 的解看成曲面之后,那么曲面有多少个圈,球面、环面等等的花样就很多,都和 g 有关。

此外,你也可以有另外的花样。比如假定 $f(x,y)=0$ 的系数都是整数,你也可以讨论这一方程的整数解,这个问题就很难了。直到前几年才发现这一方程是否有整数解和亏格 g 有密切关系。当 $g=0$ 时，有无穷多个整数解。$g=1$ 则有些特别的性质。当 $g>1$ 时，德国的法尔廷斯在 1984—1985 年证明了 $f(x,y)=0$ 的整数解至多为有限个。这一结果和费马定理有关。那是说 $x^n+y^n=z^n(n\geqslant 3)$ 没有正整数解。这还没有解决费马问题，但是前进了一大步。

确实，数学可以引导出很深的观念。数学中我愿把数论看作应用数学。数论就是把数学应用于整数性质的研究。我想数学中有两个很重要的数学部门，一个是数论，另一个是理论物理。理论物理也是用很多数学的部门。

在这一小时里我无法讲很多的数学。我还想讲一点，比方说最近一个时期最热闹的数学是什么，即当前的主流数学。刚才我说过我并不喜欢大家都去搞主流数学，不过主流数学毕竟是重要的。所谓主流数学，是指一个伟大的数学贡献，深刻的定理，含义很广，证明也很不简单。如果在当前选一个这样的贡献，我想那就是阿蒂亚-辛格指数定理。阿蒂亚是英国皇家学会会长。上个月他来北京，还做过报告。这个指数定理可看成上面所谈问题的近代发展，即将代数方程、黎曼曲面、亏格理论等从低维推广到高维和无穷维。

因此，我觉得数学研究不但是很深很难很强，而且做到一定的地步仍然维持一个整体，到现在为止，数学没有分裂为好几块，依旧是完整的。尽管现代数学的研究范围在不断扩大，有些观念看来比较次要，慢慢就被丢掉了，但基本的观念始终在维持着。

我想今天就这样结束，谢谢大家。

数学是一种"活"的学问[①]

在人类的思想史上,数学有一个基本和独特的地位。几千年来,从巴比伦的代数,希腊的几何,中国、印度、阿拉伯的数学,直到近代数学的伟大发展,虽然历史有时中断,但对象和方法则是一致的。数学的对象不外"数"与"形",虽然近代的观念,已与原始的意义,相差甚远。数学的主要方法,是逻辑的推理。因之建立了一个坚固的思想结构。这些结果会对其他学科有用,是可以预料的。但应用远超过了想象。数学固然成了基本教育的一部分。其他科学也需要数学做理想的模型,从而发现相应科学的基本规律。

在这样蓬勃的发展中,数学的任务是艰巨的:它既需充实已有的基础,还需应付外来的冲击。一部完整的数学百科全书,便有迫切的需要。但兹事体大,许多合格的数学家,都望而却步。

---

① 由苏联 I. M. 维诺格拉多夫院士主编的《数学百科全书》于 1986 年出版,不久荷兰又组织 180 位西方数学家,编印增订的英文本。中译本由科学出版社出版,共 5 卷,1994 年出版第一卷。苏步青题字,陈省身作序,即本文。

我们有幸有这一套苏联的《数学百科全书》。它对数学的贡献,将无法估计。我们要了解,数学是一种"活"的学问:它的内容,不断在变化,在进展。我们现在大学研究院数学活动的内容,大部分在 50 年前是不存在的,其他一部分则是昔贤伟大思想的精华,将历久而弥新。我建议《百科全书》每两年出一附录,包括新项目和旧项目的重写。如有佳构,不必拘泥编辑的方针。《百科全书》每隔若干年宜有新版。

面对着这座巨大的建筑,令人惶惑。《百科全书》原不为有涯之身所能控制的。数学工作者的使命在对某些选定的项目,增加了解和探索。本书将便利他们思考范围的推广。

我相信数学将有一个黄金时代,其中将有多数的中国数学家参加。希望本书能起相当的作用。

做好的数学①

——在上海数学会的演讲

很高兴有机会和大家见面。我想我们共同关心的问题是如何发展中国的数学。我觉得其中最关键的一点是如何培养中国自己的高级数学人才。就目前的情形来说，中国训练自己的年轻数学人才，应该不难做到。因为中国现在已经有了一批优秀的数学家，许多中国大学培养的数学博士，学术水平不亚于国外的博士。我所在的南开数学所，就有一位吉林大学毕业的数学博士，能力很强。我将他介绍到德国的美因兹大学，随克雷克教授做研究。克雷克是后起的拓扑学家。这位博士工作一年以后，于今年春节回国。由于工作出色，他已接到两项邀请，再去国外合作研究。我们鼓励他多到各地去访问。几年来，我们派了一些年轻人出去，现在陆续回来了，人数还不太多，但已开始起作用。美国这几年经济不好，找数学的职位很难。这一情况恐怕还得继续一个时

---

① 本文为 1994 年 1 月 6 日应上海市数学会之邀，陈省身先生在上海科学会堂对青年数学家的演讲，标题为本书编者所加。原载于华东师范大学数学系编辑的《数学教学》1995 年第 1 期。

期。到国外去,不必去读博士,做博士后最好。多一些人留在中国,最终目的还是提高大学、研究院的数学水准。

当前中国数学发展的主要问题是经费不足。虽说国家设立了专项支持数学研究的天元基金,相当重视,但数量毕竟不多,分到下面就没有多少了。我更关心研究生的待遇。一些特别优秀的研究生可否给以特级奖学金?例如上海每年资助 20 名优秀生,每月津贴 500 元的话,一年所需经费不过十来万。许多有力量的企业家资助这点钱,设立专门的奖学金,应该不太困难。问题是我们的工作做得不够,人家不了解。

现在读数学的人少了,许多人都想去做生意。美国也是如此,国际性的。这倒没什么可怕。对数学没有兴趣的人何必来读数学?不真心念数学的学生不来也好。人少些,但精些,更易出人才。我们要帮助的是那些热爱数学的优秀人才。我们搞数学的生活要改善,但也不能太舒服。住在上海的宾馆、饭店,舒服得很,菜烧得非常好吃,可我觉得那不必是做数学的地方。做数学的人是另外一种享受,大家聚在一起,互相谈谈。一旦有了一个得意的想法(idea),无论简单的还是重大的,都是一种最高的享受。数学这个职业,生活相对比较清苦,发不了财,但有一个好处,就是比较保险。做一个数学家至少得下十年苦功,不是什么人都能来顶替的。别人很难来抢你的饭碗,所以说"保险"。我个人觉得,读数学的人不必太多。"大家不想读数学",在某种意义上说,反倒可能支持真正的数学研究者。国外读数学的人少,也许正是中国成为"数学大国"的机会。当然,我们希望中国数学家的待遇能逐渐追上国际水平。

以下我想说怎样做数学。中国人应该搞中国自己的数学,不要老是跟着人家走。前些年刚开放,请一些国际上最好的数学家来,了解人家的工作,欣赏他们的成果,那是很必要的。但是中国数学应该有自己的问题,即中国数学家在中国本土上提出,而且加以解决的问题。数学不像其他学科,几乎全世界都必须同时攻一两个大问题,而是有很大的选择自由。我们可以根据自己的情况,挑选自己的数学研究课题。题目不必都选热门的。我过去做微分几何时,在当时是冷门。有些东西似乎很老,过时了。其实未必。索菲斯·李引进连续群理论,写了三卷本的《变换群理论》,里面还有许多思想可以进一步挖掘和发展,仍有现实意义。

那么应该选择怎样的课题呢?哪些是"好"的问题?哪些是不大好的问题?这没有一定的挑选方法,各人的标准也不同。有些人总把自己做出来的东西说成是最好的,那往往不对。在香港时我们有机会谈到过这一点,我提议看看公认的大数学家提出的、研究的是什么问题。

20世纪开始的那一年,1900年,希尔伯特在巴黎举行的国际数学家大会上提出了 23 个数学问题,对本世纪的数学发展有重大影响,可以说影响了 20 世纪数学的各个方面。希尔伯特关于好的问题提出了两个标准。一个是清晰易懂。他在那次演讲中引用法国拉格朗日(当时活着的最伟大的数学家)的话:"一种数学理论应该能向在大街上遇到的第一个人解释清楚。"清楚的、易于理解的问题会吸引人们的兴趣,而繁复的问题却使我们望而却步。另一个标准:问题应是困难的,但又不能无法解决以致使人们白费气力。

希尔伯特在演讲中曾提到两个好的数学问题。第一个是费马问题,即

$$x^n + y^n = z^n \quad (n \geqslant 3)$$

没有正整数解。这一问题去年盛传已解决,后来发现还有一条鸿沟没有填没。最近又听说这个困难可以克服。费马问题引发了代数数论的研究。高斯年轻时写过《算术研究》,非常重要。他的工作都是开创性的。微分几何也是高斯奠基的。后来希尔伯特也研究数论,使他出名的最早工作就是《数论报告》,非常深刻,至今仍有影响。第二个问题是著名的"三体问题",它是天体力学中一个十分自然的问题,涉及许多分析、几何、拓扑的分支,具有重要的应用。庞加莱写了两大本书加以讨论。最近项武义教授对此问题有新的见解。总之,希尔伯特的这一讲演值得一看。美国数学会曾在 1976年专门开会讨论希尔伯特的 23 个问题的进展情况。

说到好的数学问题，我想起数学奥林匹克竞赛。中国学生在国际竞赛中获奖，的确是中国青年的光荣，我曾经多次表示赞赏和鼓励。但是我认为那些数学竞赛题都不是好的数学题。一个孩子在几小时里能做出来的，一定缺乏深刻的含义。有些题的解决当然需要技巧，但这种技巧不是好的研究课题。今年得诺贝尔经济学奖的约翰·纳什是数学家，也是我的朋友。他会提出各种稀奇古怪的问题，如他发现在欧洲地图上有四个城市恰构成正方形。这当然是新发现，却没有多大意思。

我无法非常明确地说出什么是好的数学问题，但总要自己先选有较大意义的问题去做，要有自己的观念。大家都注意做好的问题，提出新观念，我想我们一定会成功的。

最后，我想说，数学研究不能集中在一两个地方，要全国各地都搞起来。小地方往往会出现很好的数学家。但是他们要受过严格的训练，许多读了新闻报道而思考数学问题的人，往往还不知道什么是"一个数学的证明"就动手做起数学来，那是不成的。研究数学还是要踏踏实实地打好基础。

从数学没有诺贝尔奖谈起^①

读《传播》第 21 卷第 4 期黄文璋先生的大文,油然有感。简述于下,供大家一笑。

为什么数学没有诺贝尔奖

理由是很简单的:诺奖奖励对人类幸福有贡献的人。所以它包括和平、医学和文学。设奖者高瞻远瞩,知道物理、化学将有大发展,是一个不得了的先见。初奖在 1901 年。第一个得物理奖的是伦琴,因为他的 X 光的发现。

数学不可能有这样的贡献。数学的作用是间接的。但是没有复数,就没有电磁学;没有黎曼几何,就没有广义相对论;没有纤维丛的几何,就没有规范场论……物质现象的深刻研究,与高深数学有密切的联系,实在是学问上一个神秘的现象。

科学需要实验。但实验不能绝对精确。如有数学理论,

---

① 原载于《数学传播》第 23 卷第 2 期,1999 年。

则全靠推论，就完全正确了。这是科学不能离开数学的原因。许多科学的基本观念，往往需要数学观念来表示。所以数学家有饭吃了，但不能得诺贝尔奖，是自然的。

没有诺贝尔奖是幸事

数学是一门伟大的学问。它的发展能同其他科学联系，是人类思想的奇迹。

数学的一个特点，是有许多简单而困难的问题。这些问题使人废寝忘食，多日或经年不决。但一旦发现了光明，其快乐是不可形容的。试举三例：

例 1，费马的"最后定理"　方程式

$$x^n + y^n = z^n,$$

其中 $n>0$，x,y,z 都是整数。熟知当 $n=2$ 时，此方程有无数个解。但是费马说，当 $n\geqslant3$，此方程无解，除非 $xyz=0$。这样简单的问题，几百年未决。最近普林斯顿的安德鲁·怀尔斯教授证明了，可谓数学史上的一大事。

例 2，球装问题（开普勒问题）　n 维空间内有同一直径的球，如何能装得最紧？一个更简单的问题：有这样一球，最多能放多少球同它相切？在 $n=2$ 时球是圆面，这数显然是 6（请读者作图自明）。但在三维空间，能证明可放 12 个球。还剩不少空间，可是第 13 个球放不进。当年对此问题，牛顿同格雷果里有过争论。事实上第 13 个球是放不进的。最近的简单证明,请看项武义的工作。

例 3,方程式

$$x^n + a_1 x^{n-1} + \cdots + a_n = 0,$$

其中,a_1 是实数或复数,必有复数解。

以上都是重要的问题。例 3 叫作代数的基本定理。

数学上这样简单而困人的问题很多。生活其中,乐趣无穷。这是一片安静的天地;没有大奖,也是一个平等的世界。整个说来,诺贝尔奖不来,我觉得是数学的幸事。

数学中注入人的因素，会更加健康有趣^①

　　欢迎大家参加本届大会。我们身处一个古老的国度，它与现代数学的起源地西欧有很多不同之处。2000 年是我们的数学年，其宗旨是吸引更多的人来接近数学。现在我们拥有了广阔的领域和大量专门从事数学研究的专家。过去，数学是一项个体性的工作，但现在我们已经有了一批公众。在这样的形势下，我们一项主要的任务似乎应该是让人们都能了解我们所取得的进展。显然，在普及方面还有很多工作要做。我想，是否有可能通过历史的、通俗的介绍来撰写研究论文。

　　网络现象可以说是全球化的。它是超越地域的。在最近的研究中，我们发现不同的领域之间不仅互相联系，而且还互相融合。我们甚至可以预见纯数学与应用数学的统一，甚至有可能诞生一位新的高斯。

　　中国在现代数学领域还有很长的路要走。在最近几届

---

　　①　本文为陈省身先生在 2002 年北京国际数学家大会开幕式上的讲话，原载于《中国数学会通讯》2002 年第 3～4 期，第 8 页。

国际数学奥林匹克竞赛中,中国一直保持着很好的成绩。中国已经从基础抓起,而且拥有"数量"(指人)的优势。本届大会很有希望成为中国现代数学发展史上的一个里程碑。

孔夫子的儒家思想对中国有着两千多年的影响。其主要学说是"仁",从字形上看就是"二人"的意思,也就是说要重视人际关系。现代科学具有高度竞争性。我想,如果注入人的因素,将会使我们这一门学科更加健康,更加有趣。让我们祝愿本届大会为未来数学的发展开创一个新的时代。

数学是有很强活力的[①]

数学在 19 到 20 世纪有很大的发展，一般来讲，它是有连续性的，有一个主要的主题，然后由这个主题向各方面推展，有基础方面的澄清，有向各方面的应用。最近，数学和理论物理的关系、数论方面的重大发展、计算机的引进在数学上引出了新问题，等等，对老问题有很多帮助。种种迹象表明，数学是有很强活力的，所以 21 世纪有很多事情要留给大家做。

近些年来，中国的数学有很大进展。怎样根据这个进展，再向前推一步呢？20 世纪 20 年代法国有很伟大的数学家，如皮卡、阿达马、蒙泰尔，那时他们都老了，他们的工作方向都是复变函数论，与近代数学，像抽象代数、拓扑都失掉了联络。那时候法国一些年轻的数学家觉得不一定要跟这些老先生学，决心自己念书，自己发展。这就是后来出现的有名的布尔巴基学派，他们在数学的发展史上起了很大作用。

①　本文为 2002 年北京国际数学家大会期间，陈省身先生接受《科学时报》记者王静采访时的讲话，原载于《科学时报》2002 年 8 月 20 日。

在此,我还想讲个故事:有些人可能会想,数学家们一天到晚没有事情可做,无中生有,搞这些多面体有什么意思?我认为,现在化学里的钛化合物就跟正多面体有关系。这就是说,经过 2000 年之后,正多面体居然会在化学里有用,有些数学家正在研究正多面体和分析结构间的关系。我们现在知道,生物学上的病毒也具有正多面体的形状。这表明,当年数学家的一种"空想",经历了这么长的时间之后,竟然是很"实用"的。

现在谈谈主流数学与非主流数学的问题。大家知道,数学有很多特点。比如做数学不需要很多设备,现在有电子邮件,要的资料很容易拿到。做数学是个人的学问,不像别的学科必须依赖于设备,大家争分夺秒在一些最主要的方向上工作,在主流方向做出你自己的贡献。而数学则不同。由于数学的方向很多,又是个人的学问,不一定大家都集中做主流数学。1943 年,我在西南联大教书,那年我应邀从昆明到普林斯顿高级研究所,该所靠近普林斯顿有一个小城叫新不伦瑞克,是新泽西州立大学所在地。我到普林斯顿不久,就在新不伦瑞克参加美国数学会的暑期年会。由于近,我也去听听演讲,会会朋友。有一次我和一位在美国非常有地位的数学家聊天,他问我做什么,我说微分几何,他立刻说:"It is dead(它已死了)。"这是 1943 年的事,但战后的情形是微分几何成了主流数学。

因此，我觉得做数学的人，有可能找到现在并非主流、但很有意义、将来很有希望的方向。主流方向上集中了世界上许多优秀人物，投入了大量的经费，你抢不过他们，赶不上，不如做其他同样很有意义的工作。我希望中国数学在某些方面能够生根，搞得特别好，具有自己的特色。这在历史上也有先例。例如第二次世界大战以前波兰就搞逻辑、点集拓扑。他们根据一些简单公设推出许多结论，成就不小。另外如芬兰，在复变函数论上取得成功，一直到现在。例如在拟共形映照上的推广一直在世界上领先。因为他们做的工作，别的国家不做，他们就拥有该领域内世界上最强的人物，我还可以举出更多的例子。

最近一个时期最热闹的数学即当前的主流数学是什么？刚才我说过我并不喜欢大家都去搞主流数学，不过主流数学毕竟是重要的。所谓主流数学，是指一个伟大的数学贡献，深刻的定理，含义很广，证明也很不简单。如果在当前选一个这样的贡献，我想那就是阿蒂亚-辛格指数定理。阿蒂亚是英国皇家学会会长。他来过北京，还做过报告。这个指数定理可看成上面所谈问题的近代发展，即将代数方程、黎曼曲面、亏格理论等从低维推广到高维和无穷维。

因此，我觉得数学研究不但是很深很难很强，而且做到一定的地步仍然维持一个整体，到现在为止，数学没有分裂为好几块，依旧是完整的。尽管现代数学的研究范围在不断扩大,有些观念看来比较次要,慢慢就被丢掉了,但基本的观念始终在维持着。

中国数学的根必须在中国。现在我讲 21 世纪的数学,也就是要讲中国的数学该怎么发展,如何使中国数学在 21 世纪占有若干方面的优势。办法说来很简单,就是要培养人才,找有能力的人来做数学,找到优秀的年轻人在数学上获得发展。具体一些讲,就是要在国内办够世界水平的第一流的数学研究院。中国这么大,不仅北京要有,别的地方也应该办。

中国科学的根子必须在中国。中国科学技术在本土上生根,然后才能长上去。可是要请有能力的人来做数学很不容易。我从 1984 年开始组建南开数学所。开始想,请有能力的人来工作就是了。可是由于种种原因,很难做到这一点。我们办第一流的研究所就是要有第一流的数学家。有了第一流的数学家,房子破一点,设备差一点,书也找不到,研究所仍是第一流。不然的话,房子造得很漂亮,书很多,也有很贵的计算机,如果没有人来做第一流的工作,又有什么用处?我看到这种情形,就改变想法,努力训练自己的年轻人,培养自己的数学家,送他们出国学习,到世界各地,请最好的数学家给予指导。我很高兴地告诉大家,这些措施已经开始出现成效。比方说贺正需,他到美国加州大学圣地亚哥分校跟弗里德曼学。弗里德曼得过菲尔兹奖,是年轻的领袖人物。他亲自对我说,贺正需是他最好的学生。我还可以提到一些人，这里不一一列举了。

发展数学势必要办够水平的研究院，怎样才会够水平呢？

第一，应当开一些基本的先进课程。学生来了，要给他们基本训练，就要为他们开高水平的课。所谓的基本训练有两方面。一是培养推理能力，一个学生应该知道什么是正确的推理，什么是不正确的推理。你必须保证每步都正确。不能急于得结果就马马虎虎，最后一定出毛病。二是要知道一些数学，对整个数学有个判断。从前是与分析有关的学科较重要，20 世纪以来是代数，后来是拓扑学，等等。总之，好的研究中心应该能开这些基本课程。

第二，我想必须要有好的学生。我们每年派去参加国际奥林匹克数学竞赛的中学生都很不错。虽然中学里数学念得好将来不一定都研究数学，不过希望有一部分人搞数学，而且能有成就。我和在北京的一些数学竞赛获奖学生见面，谈了话。我对他们说，搞数学的人将来会有大前途，十年、二十年之后，世界上一定会缺乏数学人才。现在的年轻人不愿念数学，势必造成人才短缺。学生不想念数学也难怪。因为数学很难，又没有把握。苦读多年之后，往往离成为数学家还很远。同时，又有许多因素在争夺数学家，例如计算机。做一个好的计算机软件，需要很高的才能，很不容易。不过它与数学相比，需要准备的知识很少。搞数学的人不知要念多少书，好像一直念不完。这样，有能力的人就转到计算机领域去了。也有一些数学博士,毕业后到股票市场做生意。例如预测股票市场的变化,写个计算机程序,以供决策。这样做,虽然还是别人的雇员,并非自己当老板,但这比大学教授的薪水高得多了。因此,数学人才的流失,是世界性的问题。

相比之下,中国的情况反而较为乐观,因为中国的人才多,流失一些还可以再培养。流失的人如真能赚钱,发财之后会回来帮助盖数学楼。总之,我们应取一个态度:中国变成一个输送数学家的工厂,希望出去的人能回来,如果不回来,建议我们仍然继续送。中国有的是人才,送出去一部分在世界上发挥影响也是值得的。

我们要做的事是花不多的钱,打好基础,开出好的课。基础搞得好了,至于出去的人回来不回来可以变得次要些。这是我的初步想法。比方说,参加国际奥林匹克数学竞赛的人,数学都是很好的,如果他们进大学数学系,我建议立刻给奖学金。这点钱恐怕很有限,但效果很大,对别人也是一种鼓励。中国的孩子比较听家长、老师的话。孩子有数学才能,经过家长、老师一劝,他就念数学了。

对好的数学系学生来说,到国外去只是时间问题。你只要在国内把数学做好,出国很容易。国内做得很好的话,到了国外不必做研究生,可以直接当教授。中国已有条件产生第一流的数学家,大家要有信心。

　　培养学生我主张流动。19 世纪的德国数学当然是世界第一。德国的大学生可以到任何大学去注册。这学期在柏林听魏尔斯特拉斯的课,下学期到格丁根听施瓦兹的课,随便流动。教授也可以流动。例如柏林大学已有普朗克、爱因斯坦,一个理论物理学家在柏林大学自然没有发展的希望,就不妨到别的学校去创业。

　　我希望中国的学生、教授都能流动。教授可以到别的学校去教课,教上半年。各个数学研究院的教授也能互相交换。

数学谈话

数学家要提出自己的问题，
做以后有发展的东西^①

——1991 年与张奠宙的谈话

格丁根、汉堡和巴黎

张　第二次世界大战以后的几十年中，微分几何学一直居于数学发展的主流地位，可算是当今的一个"热门"课题。请问您当初为什么选读几何学？

陈　说到"热门"，我倒是从不赶时髦的。我进入几何领域，可说完全由环境决定。我进南开碰到了姜立夫先生，他是研究几何的；毕业后，又遇到孙光远先生，他也是研究几何的，这就决定我走上微分几何的道路。如果单论个人兴趣，我也许更喜欢代数。

张　在 20 世纪 30 年代，微分几何是不是"热门"？

---

①　1991 年 10 月 28 日，张奠宙来到美国国家数学研究所（MRSI）三楼陈省身先生（时任研究所所长）的办公室，对着窗外的金门大桥和旧金山海湾，开始了和这位数学大师的谈话。

陈　不见得。分析一向是数学的主流。那时德国的格丁根学派有库朗的分析、E. 诺特的代数。英国有哈代和李特尔伍德的函数论——解析数论学派，法国的皮卡、勒贝格和蒙泰尔等名家主导的函数论研究仍然强盛，希尔伯特和巴拿赫等倡导的泛函分析相当流行。虽说黎曼几何学得到广义相对论的推动，但毕竟是"阳春白雪"，少人唱和，并非"热门"。

张　第二次世界大战以前的世界教学中心在德国的格丁根，您为何不去格丁根"朝圣"，反而去了汉堡？

陈　我觉得选择工作地点应该以自己的计划为主，至于见大人物，虽可供谈助，但和学问实不相干。当然，有大人物的数学中心，人才集中，气氛和环境与一般地方是不一样的。

我去汉堡，首先是因为布拉施克来华讲学，他讲的内容我都懂（差不多同时，美国的 G. D. 伯克霍夫也来讲学，我却听不懂），因而可以进一步讨论。其次，我读过汉堡大学的学报上面的论文，引起很大兴趣。所以，我就去了汉堡。

张　那时的格丁根有没有很强的几何学家？

陈　有。如科-福桑；还有赫格洛茨，他是一个很伟大的数学家，搞的方向很广，也研究几何，刚体几何中就有赫格洛茨定理。不过，我还是觉得去汉堡较合适。

张　在汉堡，你获益很多吗？

陈　当然。除布拉施克之外，E. 阿廷和赫克都是非常强的数学家。年资较浅的还有 E. 凯勒、H. 彼得森、H. 察森豪斯等，其中凯勒对我帮助很多。

还记得 1934—1935 年，我的主要精力花在凯勒的讨论班上。讨论的内容以一本著名的小册子《微分方程组引论》为主，那就是后来有名的嘉当-凯勒定理。讨论班的第一天济济一堂，布拉施克、阿廷和赫克等都到场，但以后参加者愈来愈少，我是坚持到最后极少数人中的一个。将凯勒的理论用于网几何，再加上先前的一些结果，就构成了我的博士论文。我做学问，不赶热闹，有自己的想法，只选择最适合自己的工作去做。

张　在 20 世纪 30 年代，许多留学生一旦得了博士，便不再做研究了。您却到大数学家嘉当那里做"博士后"，显示您在事业上雄心勃勃。

陈　我读数学没有什么雄心。我只是想懂得数学。如果一个人的目的是名利，数学不是一条捷径。当时，最好的几何学家是嘉当，但在 20 世纪 30 年代，嘉当的工作很少人理解，被认为"超越时代"。我为嘉当的博学精深倾倒，遂于1936 年 10 月到巴黎，在那里逗留了 10 个月。

话说回来，做研究实在是吃力而不一定讨好的事，所以学业告一段落便不再继续那是自然现象，中外皆然。在巴黎的庞加莱研究所有整架的精装博士论文陈列,但大部分作者都已经不知去向了。长期钻研数学是一件辛苦的事。何以有人愿这样做,有很多原因。对我来说,主要是这种活动给我满足,杨武之先生赠诗予我说"独步遥登百丈台",实道出一种心境。我平生写了很多文章,甘苦自知,不是一言可尽的。

张　据说嘉当的工作很难懂,但您却把他的思想方法彻底掌握了,这可能是您成功的重要一步。

陈　是的。嘉当的主要工作是两方面:李群和外微分。这是研究微分几何强有力的新工具。要做"最好"的数学不掌握它不行。嘉当老是给我一些他所说的"小"题目,我回去研究,就变成了一篇篇的论文。也许因为我对他的指导总是有反应,他破例准许我到他家里访问,约每两周一次。谈完后第二天,还常会收到他的信,补充前一天的谈话内容。这些交往,使我理解了当时"最好"的几何学。

张　现在,大家都能理解嘉当的思想了吗?

陈　不一定。他的许多工作,即使到今天,也未见得被人普遍接受。我甚至说过,现在的许多微分几何学书籍都写得不好,他们总是从

$$\nabla_Z \nabla_Y X - \nabla_Y \nabla_Z X - \nabla_{[Y,Z]} X = R(Y,Z)X$$

这样的关系式出发,推演整个微分几何。其实,嘉当的方法

还要考虑到联络与 ω，以及曲率与 Ω 这样两重关系。光是从上式出发，得不到许多好结果；倘若用我对嘉当的理解，则可以很容易得到。这一点我曾经提出过，但许多人仍旧不改。这倒也不错，我可以保留一种"秘密武器"，你们做不出的结果，我可以做出来，略胜一筹。之所以发生这类情形，乃是因为几何是用代数控制的，不同的代数手段，会产生不同的几何结果。

普林斯顿和整体微分几何

张 那么，"整体微分几何"应是您想做的"最好"的数学了。

陈 微分几何学趋向整体是一个自然的趋势。了解了局部的性质以后，自然想知道它们的整体含义，但是意想不到的，则是有整体意义的几何现象。1943—1945 年在普林斯顿那一段时期，使我对数学的了解更增大了。研究整体几何学需要坚实的经典几何知识基础，要掌握当时刚刚诞生不久的代数拓扑理论，更要将嘉当创立的几何方法加以改造。这样才能别开生面，独树一帜。这样做，很费力，世界上涉足的人也很少，但这正是我追求的目标。

张 您去普林斯顿，是美国数学家维布伦和著名的外尔邀请的。他们希望您研究整体微分几何吗？

陈 没有。做什么研究，完全由自己的意愿决定。我到普林斯顿去，主要是和维布伦的联系。1936 年，当我还在巴黎时，维布伦写信给嘉当，询问有关投影正规坐标的事，这对维布伦学派的"几何途径"（geometry paths）很重要。他们想发展一个更高级的微分几何理论，突破爱因斯坦理论所考虑的洛仑兹空间的限制，以便做出统一场论。我知道投影正规坐标可以用多种方法定义，但都有缺陷，于是就提出了一种基于嘉当几何方法的定义，寄给维布伦，这给他很深的印象。我在西南联大时，又曾经由维布伦转交我自己和王宪钟的一些论文，因而和他相熟，但从未谋面，他并不知道我对整体微分几何感兴趣。

张 战争年代应邀去普林斯顿，应该是很少见的事。

陈 确实。那时普林斯顿的经费很少，战争又正在进行，请人是很困难的。他们不但对我的研究感兴趣，也因为我是一个中国人。那时，中国人搞科学研究的不多，不会威胁美国人的"饭碗"，所以他们也许会优先安排中国人访问。现在看来，我到普林斯顿是很幸运的，我一生"最好"的工作就在那里完成。

张 您去普林斯顿是一种幸运，那么做学问是否也有机遇的问题？例如，选择了一个方向，有时做得出成果，有时却做不出来。

陈 机遇不能说没有,但我想主要是看能力。就像在茫茫荒漠上找寻石油,光凭机遇怎么行? 成功主要是靠地质学家的知识积累和科学判断能力。同样,即使有了数学问题,并不见得人人能解决,杰出的数学家就能解决别人做不出的问题。

张 能请您以整体微分几何为例来谈谈吗? 比如,您为什么选择整体微分几何作为研究方向?

陈 数学家要能分别好数学与坏数学,或者不太好的数学。譬如读诗看画,有些伟大的作品,令人百读百看不厌,投地拜服。数学工作亦是如此:从微分几何走向整体是一个自然的步骤。

但要能走这一步,必须做好工具的准备。我很早就注意代数拓扑的作用,1932 年布拉施克在北京做题为"微分几何中的拓扑学问题"的演讲,实际上仍是讲局部微分几何。1933—1934 年 E. 施佩纳来华讲学,严格证明若尔当曲线将平面分为两部分的拓扑定理。我也听过江泽涵的一门拓扑课,但我当时觉得并未进入拓扑学之门。直至亚历山德罗夫和霍普夫合著的《拓扑学》出版,情况才有变化。代数拓扑是很重要的一门数学,我对它兴味很浓。

张 那么,您又为什么选择高斯-博内公式作为研究的突破口呢?

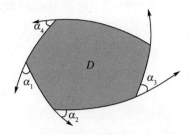

二维高斯-博内公式

　　曲面上由有限个曲线弧相连而成的简单闭曲线 C，围成区域 D，各弧线外角为 $\alpha_i\,(i=1,2,\cdots,m)$，则

$$\int_C \rho \, \mathrm{d}s + \sum_{i=1}^{m} \alpha_i + \iint_D K \, \mathrm{d}\sigma = 2\pi,$$

ρ 为 C 的曲率，K 是高斯曲率。它的特例是三角形的三个外角之和为 2π。

　　陈　我在西南联大教书时就对这一课题有不同平常的了解。大拓扑学家霍普夫于 1925 年的博士论文就研究高维的高斯-博内公式，他曾预言："高斯-博内公式在高维的推广是最重要的也是最困难的问题。"他将它推广到超曲面的情形。外尔也做过贡献。C. 艾伦多弗和 A. 韦伊（A. Weil，1906—1998）更证明了一般高维黎曼流形的高斯-博内公式。但他们的流形，都是嵌在欧几里得空间中的。我到普林斯顿之后给出了一个完全"内蕴"的证明。我用的是长度为 1 的切向量丛,而外尔、艾伦多弗和韦伊所处理的都是一种"非内蕴"的球丛。这一截然不同,导致了高斯-博内公式的彻底解决。我走了不同的路,这需要能力。

张 您最著名的工作是"陈示性类"(Chern Class),为什么其他示性类,都没有"陈示性类"来得重要?

陈 这需一种眼光去分析。主要的示性类有三种:

(1)惠特尼示性类:一般的拓扑不变式;

(2)庞特里亚金示性类:实流形上的拓扑不变式;

(3)陈示性类:复向量丛上的拓扑不变式。

问题恰恰在于我所处理的是复向量丛。复数是一个神奇的领域。例如有了复数,任何代数方程都可以解,在实数范围就不可以。而我又着重研究向量丛,不仅刻画底空间,更刻画了纤维丛。这样,"陈示性类"就有了更广更深的含义。这种既有局部意义又有整体意义的数学结构具有普遍价值,因此可以影响到整个的数学。我的眼光集中在"复"结构上,"复丛"比"实丛"来得简单。在代数上复数域有简单的性质,群论上复线性群也如此,这大约是使得复向量丛有作用的主要原因。

数学家和数学学派

张 大家都要提高能力,可是怎样才能提高能力? 是不是在于用功?

陈 当然必须用功。不过,用功与否不能看表面。成天呆在办公室里,没日没夜地看书、计算,草稿几麻袋,这是一种用功。但有些人东跑西看,散散步,谈谈天,也是在用功,而且说不定成就更大。当年在格丁根,范·德·瓦尔登成天呆在办公室里,而科-福桑则东跑西看,两人成就都很大。科-福桑在二维流形上的工作是开辟道路的。他东跑西看时,其实也在思考。

张 数学家成天计算,练技巧,证明难题和猜想,往往令人觉得像一位忙碌的工匠或工艺师。

陈 工匠和工艺师都是不可少的,优秀工艺品可以价值连城。问题是数学大厦的结构需要数学家去设计,而新学科的开辟,往往有赖于新的数学观念和思想。这些光靠坐在办公室里练技巧是不成的,必须广为涉猎,与人交谈通信,融会贯通,扩大视野。

张 从您的谈话中,觉得您很重视怎样提问题,怎样看下一步发展,观测未来。

陈 是的。我觉得搞数学的人,要做"以后有发展的东西", 不能只看跟前。看今后不是订计划, 写在纸上, 而是思考方向。有了方向, 才能提出自己的问题、自己的构想。解决别人提出的猜想, 固然很好, 很重要, 但解决自己提出的有重大意义的理论课题, 岂非更好更重要？我在普林斯顿时, 常和大数学家外尔闲聊, 他就是向前看。他有一次对我说："看来代数几何学将会有大发展。"后来的事实果真如他所料。

张 现在大家都认为"强大的美国微分几何学派"多半受到您的影响。您是怎样发挥这种影响的？

陈 学术影响主要是看工作, 但个性也有关系。我喜欢与人交往：我和 A. 韦伊的友谊已有半个世纪了；和博特、尼伦伯格、谢瓦莱、格里菲思、塞尔和希策布鲁赫等著名数学家也都合作写过论文。此外, 我带学生, 由我任导师获博士学位的超过40人；我也和许多年轻数学家交往, 联合发表论文。我想我能看出有意思的问题来做。

张 有些数学家则较少与人交往, 例如周炜良先生。

陈 周先生是我的老朋友。当年他和 M. 维克多结婚时, 我是唯一的中国宾客。他是夜间工作者, 白天睡到下午两三点钟, 德国银行一点钟关门, 每次取钱都得找我帮忙。周先生在代数几何方面成就很高, 但生性澹泊, 宁愿少和外界交往, 把家庭生活安排得十分舒适, 享受人生。当年"中央研究院"遴选院士, 局外人很少了解他。我于是出来说："如果周炜良不是院士,我们这些院士都觉得有些惭愧了。"后来他选上了院士,但从不参加任何活动。

张　那么,您是否觉得数学家应多担任一些社会公职或行政工作,藉以扩大影响?

陈　不,不,完全没有那个意思。我自己就不愿负责行政事务,曾经辞谢美国数学学会主席的职务。但开创性的事务例如创办本研究所,则是有意思的。这里,我不妨说一件中国数学史上的轶事。中国数学会迟至1935年成立,原因也是北方的姜立夫、冯祖荀诸数学前辈怕麻烦,不愿负责行政。后来南方的顾澄愿意干这类事,但自知资格不够,于是请了交通大学的胡敦复先生任首届主席,这样才在上海创会。抗战时顾投入汪伪政权,后方成立了新中国数学会,会长是姜立夫先生。光复后,这两个会合并,选出姜先生任会长,胡敦复先生也很高兴,大家相处很融洽。

张　您是不是可以谈谈和法国布尔巴基学派的交往?

陈　A.韦伊是布尔巴基学派的灵魂,和我是挚友。此外如H.嘉当、J.迪厄多内和C.谢瓦莱等也都是好友,但我并没有加入他们的活动。1936年至1937年,我正在巴黎大学嘉当处做博士后。那年,早期的布尔巴基成员正组织每两周一次的"朱利亚"讨论班,中心议题就是"埃利·嘉当先生的工作",那时我和他们却是有接触的。

张 布尔巴基学派最出名的工作是他们所写的《原理》丛书,您对它有什么看法?

陈 据韦伊说,在 30 年代,他们觉得许多数学家的工作都经不起推敲,没有严格的逻辑基础。为了避免以讹传讹,他们就从最基础的集合开始,写一套丛书,表明凡是写在他们书上的东西都是靠得住的。所以这是一套基础书,不是教本。

张 现在有些数学家批评布尔巴基学派的做法束缚人的思想。

陈 那是读者自己的问题。作者写他的观点,你可以跟着走,也可以不跟,不能把责任推到作者头上。其实,韦伊等人本身数学工作十分深刻,气势恢宏,并不是以那套《原理》丛书作为研究模式的。

张 布尔巴基对几何学研究有什么影响?

陈 影响不大。因为像微分几何学中的斯托克斯定理究竟要什么样的条件才恰恰合适? 光滑是充分条件,但不光滑到什么程度才刚刚好使斯托克斯定理能够成立? 这根本没法决定。因此后来他们也意识到有些数学结构,不能像他们那样弄得一清二楚。因此那套书后来没有继续,原来每一专题出一套书的想法也没有实现。此外,他们忽视应用数学,也是不妥的。

张　迪厄多内主张在中学里"打倒欧几里得几何"引起很多反感。

陈　我也不赞成迪厄多内的这个观点。他们那套书,只是数学的一个方面,并不是模范。数学如果只有一个模式,生命就会枯萎。

数学在苏联和中国

张　能不能谈谈苏联的几何学研究?

陈　我只想谈一点苏联的拓扑学研究。苏联的亚历山德罗夫、柯尔莫哥洛夫、庞特里亚金等都做过很好的拓扑学研究。1935 年的莫斯科拓扑会议是一次大检阅。后来庞特里亚金转向控制论。亚历山德罗夫偏爱闭集,似乎有些偏,你仔细看惠特尼的文章(在美国数学会 100 周年纪念文集上),就知道 1935 年之后,他自己代表了后来拓扑学发展的主要方向。惠特尼是数学大家,但他也是一个默默耕耘的人,只有数学家才知道他的工作。不过他还是得了沃尔夫奖。

张　关于数学史研究,您还能谈些意见吗?

陈　我有一点想法:现在的数学史著作,好像是"新闻汇集",例如谁得了什么奖、谁开了什么会的消息之类,很少涉及数学发展的真正关键。有人建议我写一部微分几何学史，我打算试试，某段时期我当然是一个积极参加的人。但现在研究工作还很忙，何日动笔，十分渺茫。

另外，我心中还有一个中国数学史上的疑问：宋元时代中国数学发展得那么快，是否有外国的影响，例如阿拉伯人的影响？秦九韶在他的《数书九章》序中自己说得到"异人传授"，这句话有什么意思？中国数学家之间有无来往？当时是否有讲数学的学院？这些都是有兴趣的问题。

张　您今年八十大寿，大家都向您致贺，希望您高寿。

陈　80 岁并没有太多可高兴的。未来是属于年轻人的，希望在年轻人身上。到我这个年纪已不可能有体育爱好，听音乐对我是浪费时间。不过，我的脑子并没有休息，所以每年仍能发表几篇论文。

张　您对中国数学发展的前景有什么看法？

阵　总的来说很乐观，因为年轻人上得很快。海峡两岸都是如此。台湾现在已有 200 名数学博士，大陆的博士人数也在迅速增加，现在需要的领袖人物自然会产生的。

张　中国数学家在国际数学家大会上应邀做一小时报告的还没有，做 45 分钟报告的也很少，究竟是实际水平差，还是别人不了解？

陈 我想还是别人缺乏了解的原因居多。中国长期在国际数学联盟（International Mathematical Union，IMU）之外，别人不熟悉你的工作，就得不到报告的机会。不过，没有被邀做报告不太重要，反正那只是新闻，过了就算了，不值得太计较。重要的还是努力把工作搞上去。许多极好的数学家从未在国际数学家大会上做过报告，但那并不影响他们的学术地位。

张 中国成为"21 世纪数学大国"的愿望，能实现吗？

陈 "数学大国"并不是要"雄踞全球"，"征服一切"，只要能在中国本土上建立起数学队伍，与国外数学家进行平等的、独立的交往就好了。以中国之大，人口之多，实现这一点应该是不成问题的。

陈省身后记（1992 年 1 月）：读了张奠宙先生的访问记录，很觉惭愧。谈话中有些话可能是偏见，请读者不要太认真。但所举事实相信都是正确的。

21 世纪的科学将蓬勃发展，使世界改观。只是前景无法预测，但数学必为基本的一支。原因是数学的出发点简单，一切根据逻辑，因此是一门坚强的学问。它何以在许多科学上都有用，则有点神秘了。个人的想法是：天下美妙的事件不多，"终归于一"，是很可能的。但学问能层出不穷的深邃（如三维几何），则难解了。

一个数学家的目的，是要了解数学。历史上数学的进展不外两途：增加对于已知材料的了解，和推广范围。近年来数学发展迅速，令人目眩。数学家只能选择一些方面，集中思考。在一个小天地内，可以有无穷乐趣。陶渊明说："每有会意，便欣然忘食。"杜工部说："文章千古事，得失寸心知。"这也是数学家的最高境界。

人的精力有限。我想数学家应求"先精一经"，如有余力，则由此出发，再求广博。要知道能"精一经"已是很大的成就了。

20世纪中国建立了近代数学的基础，成就可观。21世纪必然要看到中国数学的光明时代。愿同志们抱着信心，奋勇前进。

好的数学家都应该是一个解题者[①]

——1998 年与杰克逊的谈话

陈省身是目前世界上仍健在的最伟大的几何学家之一。他出生于 1911 年 10 月 28 日中国嘉兴。他父亲有法律学位，供职于政府部门。当陈省身幼年时，中国刚刚开始建立西方式的学院和大学。15 岁他进入南开大学攻读物理。由于他觉得自己动手能力差，最后选择了数学。1930 年，他进入清华大学研究生院。当时清华有一些从西方获得博士学位的中国数学家，如：孙光远，他是美国芝加哥大学莱恩的学生。20 年后，陈成为莱恩在芝加哥的继承人。1932 年德国汉堡大学布拉施克访问清华，他的演讲对陈产生很大影响。

杰　你在中国学习之后，决定到西方获得博士学位？

陈　1930 年我在清华大学先做了一年助教，然后念三年

① 本文原载于 *Notices of American Mathematical Society* 第 45 卷第 7 期,1998 年,标题为 *Interview with Shiing Shen Chern* ,访问者为 A. Jackson。中译文见《数学译林》第 18 卷第 2 期, 1999 年,田义梅译,李叶舟校。

研究生。之后清华给我奖学金去西方,我选择了比美国好的欧洲。当时一般人都选择去美国,但我对普林斯顿和哈佛没兴趣。

杰 为什么?

陈 当时这些学校不怎么好。我想成为一个几何学家,而美国没有我想研究的那种类型的几何,所以我想去欧洲。我虽然是一个初学者,但我有自己的一些想法。我对当时世界的数学状况,谁是最好的数学家,哪里是最好的数学中心,我都有想法。我的想法也许不对,但这是我自己的想法。我决定去汉堡。后来证实,这是一个很好的选择。19世纪末,科学(包括数学)的中心是德国,德国的数学中心是格丁根,柏林和慕尼黑也不错。当然巴黎一直是一个中心。

1934年我从清华研究生院毕业。1933年希特勒在德国掌权。于是德国大学闹学潮,驱逐犹太人教授,格丁根也崩溃了。而汉堡变成了一个很好的地方。汉堡大学是第一次世界大战之后建立的新大学,虽然没那么有名,但数学系却是极好的,因此,我去那里正合适。

陈第一次接触E.嘉当的工作是在汉堡。嘉当对陈的数学生涯有深刻的影响。那时,汉堡大学的不支薪讲师凯勒是嘉当思想的主要支持者。凯勒正好写了一本书,这本书的主要定理现在称为嘉当-凯勒定理。当时凯勒在汉堡组织了一个讨论班。讨论班的第一天，所有的正教授——布拉施克、阿廷和赫克都参加了。

陈　讨论班看上去像一个庆祝会，教室里坐满了人。凯勒拿着一叠自己刚刚出版的书，分发给每一个人。但是，书的主题很难，所以，后来许多人都不来听课了。我想我是唯一坚持到最后的一个人，因为我能跟上他讲的内容。不仅如此，我还利用他讲的方法解决另一个问题，并写出一篇论文。所以，讨论班对我来说是非常重要的。讨论班之后，我去看了凯勒。我们多次在一起吃午饭。那时，研究所附近有一个餐馆，我们一边吃饭一边讨论各种问题。我的德文很有限，而凯勒不会讲英语。不过，我们相处很好。之后我很快完成了我的论文。

大家都知道嘉当是最伟大的微分几何学家，但他写的文章很难懂。一个原因是他用了所谓的外微分运算。在微分几何中，当我们谈论流形时，一个困难是几何是由坐标来描述的，但坐标本身没有意义，坐标是可以变换的。为了处理这种情况，一个很重要的工具就是张量分析，或里奇运算。里奇运算对数学家来说是新的。在数学中有函数，给你一个函数，你计算，或加，或乘，或微分，都很具体。在几何里，几何的状态是由许多数来描述的，但你能任意地改变这些数，因此，要处理这些，你必须懂得里奇运算。

陈有三年奖学金,但他只用两年时间就完成了学业。第三年,布拉施克安排陈去巴黎与嘉当工作。那时,陈法语说得不太好,而嘉当只会说法语。当他们第一次见面时,嘉当给陈两个问题做。后来,他们偶然在庞加莱研究所的楼梯处遇见。陈告诉嘉当,不会做他给的题。嘉当要陈去他的办公室讨论。此后,陈定时地去嘉当办公室,这里经常吸引众多想与著名的数学家见面的学生。几个月后,嘉当邀请陈到他的家里去面谈。

陈 通常与嘉当见面的第二天,会接到嘉当给我的信,他会告诉我:"你离开之后,我想了很多你的问题……"他会有一些结果和更多的问题,等等。他熟知所有关于单李群、李代数的文章。当你在街道上看到他并且他有一些想法时,他会拿出一些旧信封写些什么,并给你答案。为了得到相同的答案,有时我要花费几个小时,甚至几天的时间。我们差不多两周见一次面。显然我得非常努力工作。这种状况一直延续到 1937 年,之后我回中国。

当陈回到中国,他成为清华的数学教授。但抗日战争极大地限制了他与中国之外的数学家的联系。他把他的处境写信告诉嘉当,嘉当寄给他一箱自己论文的预印本,包括一些老文章。陈花了大量时间阅读和思考。尽管孤立,陈仍不断发表文章,并引起国际上的注意。1943 年他收到维布伦要他去普林斯顿高级研究所的邀请。由于战争,陈花了一个星期,坐军用飞机才到达美国。在该研究所的两年期间,陈完成了广义高斯-博内定理的证明。该定理把任意维闭黎曼流形的欧拉示性数表示为流形上曲率项的某种积分。该定理把局部几何和整体拓扑不变量结合在一起,这在陈的许多工作中是一个非常深刻的主题。

杰 你认为在你的数学工作中哪些是最重要的?

陈 我想是纤维空间的微分几何。你知道,数学有两个不同的方面。一个是一般理论。例如:人人都得学习点集拓扑,人人都得学习一些代数,这样这些就形成一种一般性的基础,一种一般性的理论,它们几乎包括了所有数学。还有一些课题,虽然它们很特殊,但在数学的应用中却起着重要的作用,以至你也得很好地了解它们。例如:一般线性群,或者酉群。它们到处出现,不管你是做物理还是数论。这样就有这方面的一般理论,它包含某种很漂亮的结果。纤维空间就是其中之一。给了你一个空间,它的纤维都很简单,是经典空间,但是它们以某种方式放在一起。这里就有一个非常基本的概念。在纤维空间中,联络概念很重要,而我的工作就是从这里开始的。通常最好的数学工作把某种理论与某些最特殊的问题联系起来。而特殊问题又促使一般理论发展。我利用这种想法给出了高斯-博内公式的第一个证明。高斯-博内公式是一个非常重要、非常基本的公式,这不仅在微分几何中,在整个数学中也是如此。在1943年到普林斯顿之前我就已经在考虑这个问题,所以在普林斯顿时的发展是很自然的。到普林斯顿后我遇见了韦伊,他刚和艾伦多弗一起发表了一篇论文①。韦伊和我成为好朋友,所以我们很自然地讨论起高斯-博内公式,之后我得到了我的证明。我想这是我最好的工作之一,因为,它解决了一个非常重要、非常基本的经典问题,并且这其中的思想是很新的。而为了利用这些思想,你需要某种创造才能,这不是轻而易举的,不是有了这些想法就能施行的,这里需要敏捷和灵巧。所以我认为这是一个非常好的工作。

杰 示性类也是你非常重要的工作。

陈 示性类给我的印象不是那样深。示性类很重要,因为它是纤维空间的基本不变量。而纤维空间又是那样重要,因而示性类也就产生了。不过这不需要我很多思考,它们经常出现,包括一阶陈类 c_1。在电磁中,人们需要复线丛的概念。而复线丛导致 c_1,这在狄拉克关于量子电动力学的文章中就有。当然狄拉克并不称其为 c_1。当 c_1 不为零时,就与所谓的磁单极有关。这样既然示性类出现在一些具体的、基本的问题中,所以非常重要。

杰 当你 20 世纪 40 年代开始发展陈示性类理论的时

①这篇文章介绍了高斯-博内公式的一个证明,该证明依赖于这样一个事实:一个黎曼流形可以局部等距地嵌入一个欧氏空间。而陈的证明仅仅利用了流形的内蕴性质。

候,你是否知道庞特里亚金的工作以及这样的事实,即一个实纤维丛的庞特里亚金示性类可以从它的复形式的陈示性类得到。

陈 我的主要想法是人们应该研究复形式下的拓扑和整体几何。复的情形有较多的结构,在许多方面比实的情形简单。所以我引进了复情形的陈示性类,而实的情形要复杂得多。我读过庞特里亚金的文章,但没有见到他的详细文章,不过我想他在英文版的《科学纪事》①上发了摘要。我是从希策布鲁赫那里得知陈和庞特里亚金这两种示性类的关系的。陈示性类可以借助曲率,借助局部不变量来表示。我主要的兴趣在局部和整体之间的关系。当你研究空间时,你能够测量的都是局部性质。要紧的是某些局部性质和整体性质有关。高斯-博内公式最简单的情形即是一个三角形的三角之和为 $180°$。因此,可以说它早就出现在简单情形中了。

杰 你被看作整体微分几何的主要代表之一。像嘉当一样,你在微分形式和联络等方面工作。但是德国学派,克林根柏格是其中的一个代表,用不同的方式做整体几何。他们不喜欢用微分形式,他们用测地线和比较定理等来推导。你怎么看这种差别?

———————————

①俄罗斯科学院杂志。

陈　没有本质差别。这是一种历史发展。例如为了做流形上的几何，标准的技巧就是里奇运算。基本问题是形式问题，这些问题是由李普希茨和克里斯托费尔解决的，特别是后者。而克里斯托费尔的想法又追溯到里奇，里奇写了关于里奇运算的书。所以包括外尔的所有人都通过里奇运算学习数学。张量分析是如此重要，以至人人都要学。这就是在微分几何中人们从张量分析开始的原因。不过在某些方面微分形式应该引入。我通常喜欢说，向量场像一个男人，而微分形式则像一个女人。社会必须有两性，一个是不够的。

陈 1943—1945 年在普林斯顿研究所，之后回中国两年，在那里他帮助建立了"中央研究院"数学所。1949 年他是芝加哥大学教授，1960 年到伯克利加利福尼亚大学。1979 年退休后，陈仍很活跃，特别是他帮助创建了伯克利的数学科学研究所，并于 1981—1984 年受聘为第一任所长。陈培养了 41 位博士。这个数字不包括他经常回中国时与之接触的许许多多学生。由于中国的"文化大革命"，这个国家失去了许多天才的数学家，而数学研究的传统也几乎丧失殆尽。陈做了许多事来恢复这种传统。特别是 1985 年在中国天津，他创建了南开数学研究所。

杰　你多长时间回一次中国？

陈　近年来我每年都回去。通常呆一个月或更长一点。我创办了南开数学研究所，而最重要的是找一些会呆在中国的好的年轻人。在这方面我们是成功的。例如龙以明(动力系统)、陈永川(离散数学)、张伟平(指标理论),以及方复全(微分拓扑),还有其他一些非常好的年轻人。我想在中国数学进步的主要障碍是工资太低。顺便提一句,国际数学联盟已选定北京为下一届国际数学家大会的地点。

杰 你认为中国的数学会长足进步吗?

陈 噢,当然。不过令我担心的是中国的数学家会太多。

杰 中国是一个大国,或许他们需要许多数学家。

陈 我认为他们不需要太多数学家。中国是一个大国,自然有大量天才,尤其在一些小地方。譬如高中生的国际奥林匹克数学竞赛,中国的成绩一般都很好。为了在这种竞赛中取得好成绩,学生就要训练。其结果是其他科目就可能忽视。现在中国的父母要他们的小孩多学英语,做生意,赚更多的钱。而比赛是不给钱的。我想有一年这种训练少了,当年中国的成绩会立刻掉下来。这毕竟是一个 12 亿人口的国家!任何一个公正的人都会理解,其生活水平不可能很高。

1934 年当陈选择去德国攻读博士学位时,几何在美国还是一个不起眼的科目。而当他 1979 年退休时,在美国数学领域中,几何已成为最辉煌的方向之一。这种变化多半归功于陈。而陈对他的成就却极为谦虚。

陈　我不认为我能高瞻远瞩。我只是在做一些小问题。数学中大量概念和新的思想涌入，而你只是做一些问题，试图得到一些简单的解答，并给出一些证明。

杰　这就是说你观察事物，然后产生想法。

陈　对。在大部分情况下你一个想法也没有。而在较多情况中你的想法又不管用。

杰　你把自己描绘成一个解题者，而不是一个创建理论的人。

陈　我想这中间的差别很小。每一个好的数学家都应该是一个解题者。不然你空有想法，怎么做出好的贡献？你解决了某些问题，你利用了某些概念。而数学贡献的价值，你可能就要等。你只能在未来看到它。评价一个数学家或一部分数学，很困难。譬如可微性这个概念。二三十年前，许多人不喜欢可微性。许多人对我说："我对任何有可微性概念的数学不感兴趣。"这些人想使数学变得简单些。而如果你排斥和可微性有关的概念，你就会排斥掉许多数学，而这就不行。这里牛顿和莱布尼茨起了作用。有趣的是数学中有些看法是有争议的。

杰　你能给出数学中有争议的看法的一些例子吗？

陈　其一是当今一些文章太长。例如有限单群的分类。

谁会去读 1 000 页的证明？四色问题的证明亦如此。我想我们应该使数学更有趣。

我认为数学不会很快消亡。它会存留一些时间，因为有许许多多漂亮的事情需做。做数学是个人的行为。我不相信可以由一群人来做数学。基本上这是一种个人行为，从而也容易做。数学不需要许多仪器。所以它会延续一段时间。我不知道人类文明会持续多久，这是一个非常大的问题。但就数学本身，我们还会和它相处一段时间。

陈以 86 岁高龄在继续做数学。近年来他特别有兴趣的是芬斯勒几何。两年前他在 *Notices* 的一篇文章中讨论了这个题目。（《芬斯勒几何就是没有二次型限制的黎曼几何》，1996 年 9 月，959～963 页。）

陈 芬斯勒几何比黎曼几何范围要广得多，它可以以一种非常优美的方式来处理。在今后几十年中，它会成为许多大学微分几何方面的基础课。在数学上我没有什么困难，所以当我做数学时，我是在欣赏它。这也就是为什么我一直在做数学，因为其他事我做不了。我已退休多年，人们问我是否还做数学。我想我的答案是：这是我能做的唯一一件事，没有其他我能做的事。我的一生就是这样。

数学家需要丰富的想象力和强大的攻坚力①

——2000 年在南开大学和访问者的谈话

1985 年,国际数学大师陈省身挥笔写下"21 世纪数学大国"的预言。这被称为中国数学的"陈省身猜想"。今年是 2000 年,在不少人心目中已属 21 世纪。"数学大国"离我们还有多远?

年初,笔者走访了在南开数学研究所度过严冬的陈先生。陈先生刚刚痛失相濡以沫 60 余年的老伴郑士宁女士。陈师母平静地离去,南开大学和陈先生决定让她长眠南开校园。陈省身是 1948 年的"中央研究院"的首批院士,1961 年的美国科学院院士,1995 年的中国科学院外籍院士。叶落归根,陈省身最终属于中国,属于南开。

2000 年 1 月 28 日下午,笔者应约到达南开谊园对面的一座小楼,敲门进去,献上一束素雅的鲜花。

---

① 此文原载于《科学》第 52 卷第 4 期,2000 年。原标题是《回归故乡,寄望南开——陈省身访谈录》。访问者为张奠宙、王善平、倪明。

陈先生精神矍铄,记忆清晰,谈锋仍健。前后两次达 6 小时的谈话,并无倦意。这一次,笔者代表华东师范大学出版社来向陈先生报告出版《陈省身文集》的有关事宜,其中收录的一份"陈省身年谱"有许多地方需要核实。谈话从他的生平谈到中国数学的过去和未来。笔者摘取其中的一些片段,写成这篇访谈录,不断地留下这位数学伟人的思想和脚步。

问　陈先生,听说您最近发表了关于"数学和诺贝尔奖"的文章?

陈　数学没有诺贝尔奖。经济学本来也没有诺贝尔奖,是后来补上的。那一次,瑞典的数学家如果努力一点,数学也许就列上了。但是他们不喜欢活动。与科学接近的数学没有设,原来属于人文科学的经济学反倒列上了。不过我觉得数学没有诺贝尔奖也许是好事。研究数学不是为得奖,大家甘于平淡,远离功利,潜心研究,陶醉于数学。

问　能够有一个世界性大奖,对于激励人的积极性还是很有作用的。您得过沃尔夫奖,还有一个是菲尔兹奖。这两个世界数学的最高奖仍旧是数学家所向往的。

陈　菲尔兹奖的早期得奖者声望很高,许多得奖者都有重要的工作。菲尔兹奖能否维持这个水平似渐成问题。我想这和菲尔兹奖的评选过程有关。国际数学联盟没有钱,选择的评审委员会连开会的路费都没有,只能靠通信发表意见和投票。于是委员会主席权力就很大，难免有一些片面性。菲尔兹奖当年不是大奖，所以有年龄限制。现在看来这个限制似不合理。

问　现在国内的许多资格和获奖评审，"活动"得很厉害。难免有不公平的地方。

陈　凡是要靠人的选举产生的事情，都需要活动。有些活动是必要的。例如和别人交往，参加国际活动，合作进行研究，以增进彼此间的了解。不会活动，人家根本不知道你在做什么，连人都没见过，叫人家怎么提名？但是有些不正常的活动，确实令人讨厌。外行人只知道某某奖，某某称号，不管别的，他们管理起来很省事。其实绝对公平是很困难的。

问　那么，不善活动的数学家就不能获得很高的声誉么？

陈　不！只要数学工作真正好，尽管不是"院士"，没有得奖，仍然会受到人们的尊敬。例如，2000 年 10 月 9 日到 13 日，在南开将要举行"周炜良、陈国才数学工作研讨会"。他们两人都非常淡于名利，没有什么"院士"称号，也没有得过什么大奖，现在却越来越觉得他们的工作十分重要。周炜良在代数几何上的成就很高，以他名字命名的专有名词，光是进入《岩波数学辞典》就有 5 个之多，很少有的。陈国才在美国一些大学执教，地位不高。1991 年在伊利诺伊大学平淡地过世。他很有想法，一直在做自己的研究，别人不理解他的工作,他也不在乎。他的工作类似于著名的德·拉姆定理,但德·拉姆定理是把微分的外形式与同调论联系起来,而他用同伦论来联系,所以很有创造性。现在人们认识到他的工作很重要。

问 中国的廖山涛、严志达先生等也属于这一类型,默默地工作,不愿意出头露面,而数学成就很高。

陈 廖山涛在芝加哥大学随我读博士。他很用功,大白天把窗帘拉起来,躺在床上想数学。其他的事不闻不问。当时美国的麦卡锡主义很猖獗,他却完全不知道。英语不行,第二外语更谈不上,所以多年来无法毕业。有一次我在教授会上,请大家特许他毕业,于是举手通过,终于拿到了博士学位。后来他回国,在动力系统研究中做出了重要工作。严志达三年级时就能和我讨论问题。这个人有才气,喜欢念念唐诗,有空了就想想数学。周炜良、陈国才、廖山涛、严志达都不善"活动",但是都有个性,有自己的见解。所以他们实际上是成功的。比一些徒有其名的要好得多。

问 您的这几位学生和朋友都不善于活动,您自己是不是也这样?

陈 不!我喜欢活动。我的朋友很多。我喜欢交往,把工作和生活混合。和各种年龄、各种性格、各种身份的科学家,主要是数学家一起谈话、吃饭、合作研究。但是,我不喜欢单纯的应酬,也不愿意担任行政职务。只有担任数学研究所所长是例外(指美国国家数学研究所和南开数学所,后者是在退休以后)。

问　我们注意到您和许多著名数学家进行合作研究,成效卓著。合作是怎样形成的呢?

陈　情况很不相同。莫泽是前任的国际数学联盟的主席。他写信给伍鸿熙,问 E. 嘉当著作中的一个问题。伍鸿熙转问我。对嘉当的东西我当然知道,于是就开始合作了,最后产生了一篇影响很大的文章,发表在《数学学报》(*Acta Mathematica*)上。我和格里菲思有许多合作,他当初在普林斯顿,读我的油印本小书《复流形》,很感兴趣,每年夏天到伯克利来和我讨论问题,不仅是礼节性的访问。数学讨论一多,也就开始了合作。后来他来伯克利工作,升了正教授。以后他又去普林斯顿、哈佛;接着到杜克大学担任高级行政职务,又接着任普林斯顿高级研究所所长。他还是国际数学联盟的秘书长,以后大概也会当主席。交往多,讨论多,合作也就会多。例如希策布鲁赫、博特等名家都是在交往中形成合作。

问　还有一位西蒙斯。近来"陈省身-西蒙斯-威腾不变量"在文献上出现的频率非常高。

陈　西蒙斯是一位传奇人物。他在麻省理工学院毕业,喜欢微分几何,所以到了伯克利来跟我学。那年是 1959 年,我正在欧洲,他只好自学,自己读懂了,就贴布告让人家来听他讲,听的人还真不少,其中包括教授。后来我回伯克利,那时他已有导师,但是我们之间仍然交往很多。西蒙斯能力非常强,一边读书一边做生意。他没有很多的学术经历,就被纽约州立大学(石溪)聘为数学系主任。我们合作的时候不知道这个不变量在物理上有什么应用。后来威腾(1990 年菲尔兹奖获得者)把它用于物理学研究,这也是始料不及的事。一些好的数学开始时不知道有什么用,后来却找到了大用处。所以我不大赞成把纯粹数学和应用数学对立起来的提法。西蒙斯后来做外汇交易经商成功,发了财。数学家也是多种多样的,我都可以和他们交往。

问　有一位中彩票大奖的学生为"陈省身讲座"捐 100 万美元,是怎么回事?

陈　乌米尼是伯克利毕业的。读本科时,他的成绩一般,想继续读研究生,要我帮忙。我觉得他还可以试试,就写了一封推荐信。他拿了博士学位后在一家计算机公司工作。平时有买彩票的习惯。结果有一次真中了,得了 2 200 万美金。于是拿出 100 万美金,在伯克利设立"陈省身讲座",用利息每年请一位世界级的数学家来讲学。现在共有 5 人应邀:先后是阿蒂亚、斯坦利、希策布鲁赫、塞尔、马宁。1999 年是 M. 阿廷(德国著名数学家 E. 阿廷的儿子),都是世界顶尖级的数学家。

问　现在国内的科学研究非常强调"创新"，您如何看待数学上的创新？

陈　数学是"胜者为王"的学科，只有第一，没有第二。无论国内国外，已经有人发表了的结果，你不能再发表。在这个意义上说，数学研究都是创新。前些年，中国的大学校长多是数学家，我想也是因为数学家的成果都是创新性，容易得到承认的缘故。但是，虽然数学成果都是创新的，毕竟还有好的数学和不大好的数学之分。现在许多关于创新的文章大多停留在口号阶段。

问　什么是好的数学呢？

陈　这很难下一个定义。但是大家心里都有数。举例来说，费马大定理的叙述很简单：$x^n + y^n = z^n$，当 $n \geqslant 3$ 时没有满足条件 $xyz \neq 0$ 的整数解。走在大街上可以对行人讲明白，但是证明很难，内涵很深。"方程"也是好的数学。从它产生以来的几千年中，始终在发展。一元一次方程、一元二次方程、多元联立方程、微分方程、积分方程、差分方程等，发展永不穷竭。至于不大好的数学，往往是一些无病呻吟、支流末节、无关痛痒的问题。有些数学工作，没有自己的新概念和新方法，只是在别人工作的基础上做一些小的技巧性改进。作为初学者练兵，这未尝不可，但不可满足于此。

问　张奠宙教授1991年在伯克利访问您时,您曾经有过"数学匠"和"数学师"的说法,不知您现在有何看法?

陈　数学研究需要两种能力:一是有丰富的想象力,能够提出理论框架,构作概念,提出问题,找到关键。另一种能力是强大的攻坚能力,能把一个一个的具体对象构造出来,把不变量找出来,把要找的量准确地计算出来。像造一座大厦,要有人设计(工程师),还要有人建造(工匠)。数学也是一样,要有数学设计师,也要有数学工匠。两者都不可少。好的数学家都是一身二任,自己设计自己制造。

问　近几年来,您在提倡芬斯勒几何。这会是好的数学吗?

陈　我想是的。从黎曼几何到芬斯勒几何是一个自然的进步。其实后者是黎曼当初提出来的一般情况。它是1900年希尔伯特提出的著名的23个问题中的最后一个——变分问题。我看到了前人没有看到的一个关系,芬斯勒几何整个地改观了。一本新书即将出版。很遗憾的是,我在中国已经讲了5年了,可是没有人跟上来。

问　听说理由是"没有背景"和"不是热门"。

陈　黎曼-芬斯勒几何根据于1854年黎曼的历史性论文。当时数学的重点是分析,所以它不太被人注意。它受人重视是由于广义相对论的应用。黎曼当时只讨论了二次形度量的特别情况,就是现在的黎曼几何,这种情况特别简单,是一个了不得的深入了解。现在我们知道,一般情况可以同样处理。请看我们的新书。黎-芬几何必然会有用,例如固态物理学。你说的两点批评充分说明了评者的无知,不足为怪。

问 现任的国际数学联盟主席是巴西数学家帕利斯。有人说,巴西、印度、中国是三个最大的发展中国家,您对这三个国家的数学情况都有许多了解。您认为哪一个国家的数学最好?

陈 中国。理由很简单:中国有读书的传统。要对巴西的老百姓讲数学的重要性,让他们读数学,实在太难了。

问 因此,您对中国会成为"21世纪数学大国"依然充满信心?

陈 当然。中国人的数学能力是不需要讨论的,现在需要的是进一步的努力。数学可以单独发展,不需要太多的支持。与其他科学比,发展较易,但是支持仍是必要的。

数学使科学简单化^①

—— 与《光明日报》记者蔡闯的谈话

蔡　您一直在研究数学，在不少人看来，数学是一门非常高深、非常抽象的学问，学数学非常难。

陈　学东西最主要靠自己的努力，要有自动的能力。有些人念完书把课本一丢，最好从此不再碰它，那当然学不到什么东西。把它学好，不能学一遍。过去中国人都讲"书读百遍"嘛。

我能把前前后后的问题都连起来，可以看出知识之间的关系。我觉得数学不难。老早就觉得数学难的，就不要学数学。不能希望所有的人都变成学者。但是普通人也应该学一点，可多可少。数学可以训练逻辑推理的能力，有很要紧的一本书《欧几里得几何》，是西方除了《圣经》以外销路最广的一本书。很多家长以此训练孩子推理的能力。这本书是

---

① 原载于《光明日报》2002 年 1 月 31 日 B01 版。

利马窦带到中国来,徐光启翻译成中文的。很不幸的,教育制度中,一考试就有数学这一门。这是因为有很多科目需要数学。

我认为治学主要依靠个人。要能够自动,知道自己干什么,不断增加自己的能力。数学人才不是培养的,要靠自己。一定要上边有人告诉你干什么,怎样干,那你就干不好。

一个人要做好工作,除了本学科以外,还要了解一些别的东西,不能老师让你做什么你才做,一定要自己知道做什么、怎么做,要创新。

蔡 目前您还在南开大学开设基础数学课。这对很多本科生来说,真是一件非常幸运的事。

陈 人不分高下,学问也不分深浅。本科生的课是基础,我对基础材料永远有兴趣,高深的研究也要建立在基础材料上。数学很深,往往要前进一个阶段才能进入下一个阶段,但走过去以后就是整体的一片。我把这门学问最基本的东西讲一讲,是很有意思的。我按自己的思路讲,把自己的成果都结合进去,学生们也都能了解。我认为,基础数学和应用数学是不分的,真正基础的东西最后都有应用;应用的东西往往以后就是发展的基础,也就变成基础的东西了。基础数学和应用数学分开只是为了方便起见,数学的范围太大了,某个人只能在某个时候,研究某一方面的东西。而实际上数学是整体的一片。

蔡 中国的历史上数学并不算是一门发达的学科。您在最初决定学数学的时候,也应该算爆了一个"冷门"吧。

陈 我是浙江嘉兴人,父亲在天津有工作,因此我年纪很轻的时候就到天津来了。在天津上学十几年,后来又到清华研究院念了 4 年。之后到德国学习。1937 年从欧洲回国,准备到清华工作。由于抗日战争的关系,我又辗转到长沙临时大学,那是北大、清华、南开共同组建的一个学校。后来我又到了昆明西南联大,那已是 1938 年了。

历史上,中国注意人与人的关系,关注社会科学、社会的构造。而西洋人很注重发展自然科学,了解自然界。我觉得中国古代数学偏于应用,这是中国古代科学的一个缺点。我做学生的时候,见到日本人写的文章,说中国人只能治史,不能念科学,这实在是很荒谬的。法国文学家罗曼·罗兰写过一本书,记载中古时候德国音乐家在罗马的故事。罗马人笑他们:这种野蛮的人,如何懂音乐?没多久,德国出了巴赫、贝多芬。我在德国的时候学习成绩也是很好的。现在,我们中国的学生参加奥林匹克数学竞赛,成绩也非常突出。我希望这些学生中会有人肯念数学,这是很有前途的,也很有意思。年轻人中,我们能够达到国际水平的也相当多。丘成桐教授得过国际数学家大会的菲尔兹奖,萧荫堂、莫毅明、田

刚、项武义、李伟光等脱颖而出者，不可胜数。我希望中国能
够成为数学大国。

蔡　在艰深的数学领域中跋涉数十年，您认为数学到底
是什么？

陈　最初的数学，是加减乘除，是算术，以后这些东西就
不够用了。把运动变成数学，是牛顿的伟大贡献。运动复杂
得很，它适合某些规律，这些规律就是数学，数学使科学简
单化。

数学的范围一直在扩大，数学家要不断扩充他的了解，
看它有没有继续发展。我们现在搞的数学，是新的数学，当
然它不能离开老的出发点，这个出发点，我们称之为基础数
学。数学总在扩充，不只是应用方面的扩充，基础方面也在
扩充。搞数学的人要继续了解，要研究。研究不是这个样子
的：有一个题目，你做这个题目，我给你多少钱。最好的研究
是做不出来的，根本不知道题目在哪里，不知道答案在哪里，
也不知道哪一天会解决。研究应该维持一个比较自由的空
气，大家自由发展。数学是一个不定的阶段，一直在发展就
是了。

数学通俗演讲

从三角形到流形[①]

提要：本文深入浅出地回顾了整体微分几何学的发展，阐述了运用拓扑学的工具，如何推进偏微分方程、大范围分析学、粒子物理中的统一场论和分子生物学中的 DNA 理论等的发展。作者着重地指出局部的和整体的拓扑性质之间的联系，强调"欧拉示性数是整体不变量的一个源泉"，并鉴于"所有已知的流形上的整体结构绝大多数是同偶维相关的"，作者希望奇维的流形将受到更多的注意。

一、几何

我知道大家想要我全面地谈谈几何：几何是什么；这许多世纪以来它的发展情况；它当前的动态和问题；如果可能，窥测一下将来。这里的第一个问题是不会有确切的回答的。对于"几何"这个词的含义，不同的时期和不同的数学家都有

---

① 这是陈省身先生 1978 年 4 月 7 日在美国伯克利加利福尼亚大学所做的"教授会研究报告"。以后在北京、长春等地做过类似的演讲。尤承业译成中文后发表于《自然杂志》第 2 卷第 8 期，1979 年。

不同的看法。在欧几里得看来,几何由一组从公理引出的逻辑推论组成。随着几何范围的不断扩展,这样的说法显然是不够的。1932 年大几何学家 O. 维布伦和 J. H. C. 怀特海说:"数学的一个分支之所以称为几何,是因为这个名称对于相当多的有威望的人,在感情和传统上看来是好的。"[1]这个看法,得到了法国大几何学家 E. 嘉当的热情赞同[2]。一个分析学家,美国大数学家 G. D. 伯克霍夫,谈到了一个使人不安的隐忧:"几何学可能最后只不过是分析学的一件华丽的直观外衣。"[3]最近我的朋友 A. 韦伊说:"从心理学角度来看,真实的几何直观也许是永远不可能弄明白的。以前它主要意味着三维空间中的形象的了解力。现在高维空间已经把比较初等的问题基本上都排除了,形象的了解力至多只能是部分的或象征性的。某种程度的触觉的想象也似乎牵涉进来了。"[4]

现在,我们还是抛开这个问题,来看一些具体问题为好。

二、三角形

三角形是最简单的几何图形之一,它有许多很好的性质。例如它有唯一的一个内切圆,并有唯一的一个外接圆。又例如九点圆定理,本世纪初几乎每个有一定水平的数学家都知道这个定理。三角形的最引人深思的性质与它的内角和有关。欧几里得说,三角形的内角和等于 180°,或 π 弧度。

这个性质是从一个深刻的公理——平行公理——推出的。想绕开这个公理的努力都失败了,但这种努力却导致了非欧几何的发现。在非欧几何中,三角形的内角和小于 π(双曲非欧几何)或大于 π(椭圆非欧几何)。双曲非欧几何是高斯、无须形J. 波尔约和罗巴切夫斯基在 19 世纪发现的。这一发现是人类知识史上最光辉的篇章之一。

三角形的推广是 n 角形,或叫 n 边形。把 n 角形割成 $n-2$ 个三角形,就可看出它的内角和等于 $(n-2)\pi$。这个结果不如用外角和来叙述更好:任何 n 角形的外角和等于 2π,三角形也不例外。

三、平面上的曲线;旋转指数与正则同伦

应用微积分的工具,就可以讨论平面上的光滑曲线,也就是切线处处存在且连续变化的曲线。设 C 是一条封闭的光滑定向曲线,O 是一定点。C 上每一点对应着一条通过 O 点的直线,它平行于 C 在这点的切线。如果这点按 C 的定向跑遍 C 一次,对应的直线总计旋转了一个 $2n\pi$ 角,也就是说旋转了 n 圈。我们称整数 n 为 C 的旋转指数(图 1)。微分几何中的一个著名的定理说:如果 C 是简单曲线(也就是说 C 自身无交叉点),则 $n=\pm 1$。

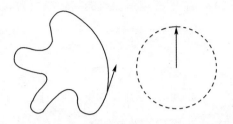

图 1

很明显,应该有一个定理把 n 角形外角和定理与简单封闭光滑曲线的旋转指数定理统一起来。要解决这个问题,就要考虑范围更广的一类简单封闭分段光滑曲线。计算这种曲线的旋转指数时,很自然地要规定切线在每个角点处旋转的角度等于该点处的外角(图 2)。这样,上面的旋转指数定理对这种曲线也成立。应用于 n 角形这一特殊情形,就得到 n 角形外角和等于 2π 这个结论。

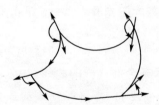

图 2

这个定理还可进一步推广到自身有交叉点的曲线。对一个常规的(generic)交叉点,可规定一个正负号。于是,如果曲线已适当地定向,它的旋转指数等于 1 加上交叉点的代数个数(图 3)。例如"8"字形曲线的旋转指数为 0。

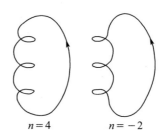

$n = 4$ $n = -2$

图 3

形变,也叫作同伦,是几何学中乃至数学中的一个基本概念。两条闭光滑曲线称为正则同伦的,如果其中一条可通过一族闭光滑曲线变形成另一条的话。因为旋转指数在形变过程中是连续变化的,而它又是整数,所以一定保持不变。这就是说,正则同伦的曲线具有相同的旋转指数。格劳斯坦-惠特尼的一个出色的定理说,上述命题的逆命题也成立[5],即具有相同旋转指数的闭光滑曲线一定是正则同伦的。

这里,在研究平面上的闭光滑曲线时用了数学中的一个典型手法,就是考察全部这样的曲线,并把它们加以分类(在这里就是正则同伦类)。这种手法在实验科学中是行不通的,因此它是理论科学和实验科学方法论上一个根本性的差别。格劳斯坦-惠特尼定理说明,旋转指数是正则同伦类的唯一不变量。

四、三维欧几里得空间

现在,从平面转向有着更加丰富内容和不同特色的三维欧氏空间。空间曲线(除平面曲线外)中最美好的也许要算圆螺旋线了。它的曲率、挠率都是常量,并且它是唯一能够在自身内进行∞^1刚体运动的曲线。圆螺旋线可按挠率的正负分成右手螺旋线和左手螺旋线两类,它们有本质的区别(图4)。一条右手螺旋线是不可能与一条左手螺旋线迭合起来的,除非用镜面反射。螺旋线在力学中起了重要的作用。DNA(脱氧核糖核酸)分子的克里克-沃森模型是双螺旋线,这从几何学的观点来看可能不是完全的巧合。双螺旋线有一些有趣的几何性质。特别是,如果用线段或弧段分别把两条螺旋线的两端连接起来,就得到两条闭曲线,它们在三维空间中有一个环绕数(linking number)L(图5)。

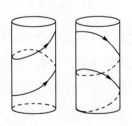

图 4

最近在生物化学中由数学家 W. 波尔和 G. 罗伯茨提出一个有争论的问题,这就是:染色体的 DNA 分子是不是双螺

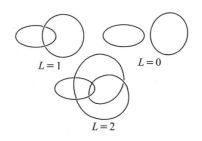

图 5

旋线的？如果是这样，那么它就有两条闭线，它们的环绕数是 300 000 级的。分子的复制过程是：分开这两条闭线，并且把每一条闭线补上它在分子中的补充线（即相补的线）。由于环绕数这么大，波尔和罗伯茨表明复制过程在数学上会有严重的困难。因此 DNA 分子（至少对于染色体的来说）的这种双螺旋线构造是受到怀疑的[6]。

环绕数 L 可由 J. H. 怀特公式[7]

$$T+W=L \tag{1}$$

决定，这里 T 是全挠率（total twist），W 是拧数（writhing number）。拧数 W 可用实验来测定，并且在酶的作用下会变化。这个公式是分子生物学中一个重要的基本公式。DNA 分子一般是很长的。为了把它们放到不大的空间中，最经济的办法是拧它们，使它们卷起来。上面的讨论可能启示着一门新科学——随机几何学——正在产生，它的主要例子来自生物学。

在三维空间中,比起曲线来,曲面有重要得多的性质。1827 年高斯的论文《曲面的一般研究》(*Disquisitiones generales circa superficies curvas*)标志着微分几何的诞生。它提高了微分几何的地位,把原来只是微积分的一章提高成一门独立的科学。主要思想是:曲面上有内蕴几何,它仅仅由曲面上弧长的度量决定。从弧元素出发,可规定其他几何概念,如两条曲线的夹角和曲面片的面积等。于是平面几何得以推广到任何曲面 Σ 上,这曲面只以弧元素的局部性质为基础。几何的这种局部化是既有开创性又有革命性的。在曲面上,相当于平面几何中的直线的是测地线,就是两点(足够靠近的)间"最短"曲线。更进一步说,曲面 Σ 上的曲线有测地曲率,这是平面曲线的曲率的推广。测地线就是测地曲率处处为 0 的曲线。

设曲面 Σ 是光滑的,并取了定向。于是在 Σ 的每一点 P 有一个单位法向量 $\nu(P)$,它垂直于 Σ 在 P 点的切平面(图 6)。$\nu(P)$ 可看作以原点为球心的单位球面 S_0 上的一点。从 P 到 $\nu(P)$ 的映射获得高斯映射

$$g : \Sigma \longrightarrow S_0 。 \qquad (2)$$

S_0 的面积元与相应的 Σ 的面积元之比值叫作高斯曲率。高斯的一个出色定理说:高斯曲率仅仅依赖于 Σ 的内蕴几何。而且事实上,在某种意义下它刻画了这个几何。显然,平面的高斯曲率是 0。

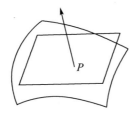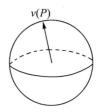

图 6

像平面几何中那样,我们在 Σ 上考虑一个由一条或几条分段光滑曲线所围成的区域 D。D 有一个重要的拓扑不变量 $\chi(D)$,称作 D 的欧拉示性数。它可以很容易地下定义:用"适当"的方法将 D 分割成许多多角形,以 v、e 和 f 分别表示顶点、边和面片的数目,则

$$\chi(D)=v-e+f。 \qquad (3)$$

(早在欧拉之前就有人知道这个欧拉多面体定理,但似乎欧拉是第一个认识公式(3)中这个"交错和"的重要意义的人。)

在曲面论中,高斯-博内公式是

$$\sum 外角 + \int_{\partial D} 测地曲率 + \iint_D 高斯曲率 = 2\pi\chi(D), \qquad (4)$$

这里 ∂D 是 D 的边缘。如果 D 是一个平面区域,高斯曲率就为 0;如果它还是单连通的,就有 $\chi(D)=1$。在这种情况下,公式(4)就简化成第三节中讨论过的旋转指数定理。现在我们离开第二节中的三角形的内角和已经走了多么远呀!

我们推广闭平面曲线的几何,考虑空间中的闭定向曲面。旋转指数的推广是公式(2)中的高斯映射 g 的映射度 d。d 的确切意义是深刻的。直观地说,它是映射下的像 $g(\Sigma)$ 覆盖 S_0 的代数"层"数。在平面上,旋转指数可以是任何整数,而 d 则不同,它是由 Σ 的拓扑所完全决定了的:

$$d = \frac{1}{2}\chi(\Sigma)。 \tag{5}$$

嵌入的单位球面的 d 是 $+1$,它与球面的定向无关。S. 斯梅尔[8]得到了一个使人惊异的结果:两个相反定向的单位球面是正则同伦的。说得形象一点:可以通过正则同伦把单位球面从内向外翻过来。在曲面的正则同伦过程中,必须保持曲面在每一点处都有切平面,但允许自身相交。

五、从坐标空间到流形

17 世纪笛卡儿引进了坐标,引起了几何学的革命。用 H. 外尔的话来说,"以坐标的形式把数引进几何学,是一种暴力行为"[9]。按他的意思,从此图形和数就会——像天使和魔鬼那样——争夺每个几何学家的灵魂。在平面上,一点的笛卡儿坐标 (x, y) 是它到两条互相垂直的固定直线(坐标轴)的距离(带正负号)。一条直线是满足线性方程

$$ax + by + c = 0 \tag{6}$$

的点的轨迹。这样产生的后果是从几何到代数的转化。

解析几何一旦闯进了大门，别的坐标系也就纷纷登台。这里面有平面上的极坐标，空间的球坐标、柱坐标，以及平面和空间的椭圆坐标。后者适用于共焦的二次曲面的研究，特别是椭球的研究。地球就是一个椭球。

还需要有更高维数的坐标空间。虽然我们原来只习惯于三维空间，但相对论要求把时间作为第四维。描写质点的运动状态（位置和速度）需要 6 个坐标（速矢端线），这是一个比较初等的例子。全体一元连续函数组成一个无穷维空间，其中平方可积的函数构成一个希尔伯特空间，它有可数个坐标。在这里我们考察具有规定性质的函数的全体，这种处理问题的手法在数学中是基本的。

由于坐标系的大量出现，自然地需要有一个关于坐标的理论。一般的坐标只需要能够把坐标与点等同起来，即坐标与点之间存在一一对应；至于它是怎么来的，有什么意义，这些都不是本质的。

如果你觉得接受一般的坐标概念有困难，那么你有一个好的伙伴。爱因斯坦从发表狭义相对论（1908 年）到发表广义相对论（1915 年）花了 7 年时间。他对延迟这么久的解释是："为什么建立广义相对论又用了 7 年时间呢？主要原因是：要摆脱'坐标必须有直接的度量意义'这个旧概念是不容易的。"[10]

在几何学研究中有了坐标这个工具之后,我们现在希望摆脱它的束缚。这引出了流形这一重要概念。一个流形在局部上可用坐标刻画,但这个坐标系是可以任意变换的。换句话说,流形是一个具有可变的或相对的坐标(相对性原则)的空间。或许我可以用人类穿着衣服来做个比喻。"人开始穿着衣服"是一件极端重要的历史事件。"人会改换衣服"的能力也有着同样重要的意义。如果把几何看作人体,坐标看作衣服,那么可以像下面这样描写几何进化史:

> 综合几何　裸体人
>
> 坐标几何　原始人
>
> 流　　形　现代人

流形这个概念即使对于数学家来说也是不简单的。例如 J. 阿达马这样一位大数学家,在讲到以流形这概念为基础的李群理论时就说:"要想对李群理论保持着不只是初等的、肤浅的,而是更多一些的理解,感到有着不可克服的困难。"[11]

六、流形;局部工具

在流形的研究中,由于坐标几乎已失去意义,就需要一些新的工具。主要的工具是不变量。不变量分两类:局部的和整体的。前者是局部坐标变换之下的不变量;后者是流形的整体不变量,如拓扑不变量。外微分运算和里奇张量分析是两个最重要的局部工具。

外微分形式是多重积分的被积式。例如在 (x,y,z) 空间上的积分

$$\iint\limits_{D} P\mathrm{d}y\mathrm{d}z + Q\mathrm{d}z\mathrm{d}x + R\mathrm{d}x\mathrm{d}y \qquad (7)$$

的被积式 $P\mathrm{d}y\mathrm{d}z + Q\mathrm{d}z\mathrm{d}x + R\mathrm{d}x\mathrm{d}y$,这里 D 是一个二维区域,P、Q、R 是 x、y、z 的函数。人们发觉如果上面的微分的乘法是反称的,也就是

$$\mathrm{d}y \wedge \mathrm{d}z = -\mathrm{d}z \wedge \mathrm{d}y, \cdots, \qquad (8)$$

这里记号 $\wedge$ 表示外乘,那么 D(设已有了定向)中变量的变换就会自动地被照顾到了。更有启发性的办法是引进二次的外微分形式

$$w = P\mathrm{d}y \wedge \mathrm{d}z + Q\mathrm{d}z \wedge \mathrm{d}x + R\mathrm{d}x \wedge \mathrm{d}y, \qquad (9)$$

并且把积分式(7)写成为积分区域 D 和被积式 w 所组成的 (D,w) 这一对。

因为,假如在 n 维空间中也如此照办,斯托克斯定理就可写成为

$$(D,\mathrm{d}w) = (\partial D, w), \qquad (10)$$

这里 D 是 r 维区域,∂D 是 D 的边界;w 是 $(r-1)$ 次外微分形式,$\mathrm{d}w$ 是 w 的外微分,它是 r 次形式。公式(10)是多元微积分的基本公式,它说明 ∂ 和 d 是伴随算子。值得注意的是,边界算子 ∂ 在区域上是整体性的,而外微分算子 d 作用在微分形

式上是局部的。这个事实使得 d 成为一个强有力的工具。d 作用在函数(0 次形式)和 1 次形式上,分别得到梯度和旋量。一个微分流形的全部次数小于或等于流形的维数的光滑形式组成一个环,它具有这个外微分算子 d。E. 嘉当在应用外微分运算到微分几何的局部问题和偏微分方程方面最有成效。G. 德·拉姆在庞加莱的开创工作的基础上,建立了整体理论。这些工作我们将在下一节里讨论。

尽管外微分运算很重要,可是它对于描绘流形上的几何和分析特性却是不够用的。一个更广的概念是里奇张量分析。张量基于这样的事实:一个光滑流形在每一点都可用一个线性空间——切空间——来逼近。一点处的切空间引导到相伴的张量空间。张量场需要有一个附加结构——仿射联络——后才能微分。如果流形具有黎曼结构或洛伦兹结构,那么相应的列维-齐维塔联络就适用了。

七、同调

在历史上,流形的整体不变量的系统研究是从组合拓扑学开始的。它的想法是把流形剖分成一些胞腔,研究它们是如何装拼在一起的。(剖分要满足一些要求,我们不细说了。)特别当 M 是一个 n 维闭流形时,设 α_k 是 k 维胞腔的个数,$k=0,1,\cdots,n$。那么作为公式(3)的推广,M 的欧拉-庞加莱示性数的定义为

$$\chi(M) = \alpha_0 - \alpha_1 + \cdots + (-1)^n \alpha_n。 \tag{11}$$

边缘是同调论中的基本概念。胞腔的整系数线性组合称为一个链。如果一个链没有边缘(边缘为 0),则称作闭链。链的边缘是闭链(图 7)。在模 k 边缘链的意义下,线性无关的 k 维闭链的个数称为 M 的 k 维贝蒂数,记作 b_k,它是一个有限整数。欧拉-庞加莱公式说

$$\chi(M) = b_0 - b_1 + \cdots + (-1)^n b_n。 \tag{12}$$

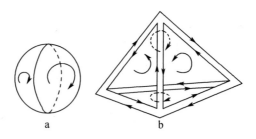

图 7

b_k 是 M 的拓扑不变量,因此 $\chi(M)$ 也是。也就是说,b_k、$\chi(M)$ 都是与剖分的方式无关的,并且在 M 的拓扑变换下保持不变。这些以及更一般的叙述,可以看作组合拓扑学的基本定理。庞加莱和 L. E. J. 布劳威尔为组合拓扑学的发展开辟了道路。以维布伦、亚历山大和莱夫谢茨等为首的美国数学家的工作使得它于 20 世纪 20 年代在美国"开花结果"。

剖分的方法虽然是导出拓扑不变量的一个有效途径,但

它也有"杀死"流形的危险。明确地说,组合的方法可能使我们看不出拓扑不变量和局部几何性质的关系。实际存在着与同调论相对偶的上同调论。同调论依赖于边缘算子∂;而上同调论立足于外微分算子 d,它是一个局部算子。

从 d 发展成为德·拉姆上同调论可概括如下:算子 d 有一个基本性质,重复运用它时得到 0 次形式。也就是说,对任何 k 次形式 α,$(k+1)$ 次形式 $d\alpha$ 的外微分是 0。这相当于"任何链(或区域)的边缘没有边缘"这样一个几何事实[参阅公式(10)]。当 $d\alpha=0$ 时,就称 α 是闭的。当存在一个 $(k-1)$ 次形式 β 使得 $\alpha=d\beta$ 时,就说 α 是一个导出形式。导出形式总是闭的。两个闭形式如果相差一个导出形式,则说它们是上同调的。互相上同调的闭 k 次形式的全体组成 k 维的上同调类。不平常的是,虽然 k 次形式、闭 k 次形式以及导出 k 次形式的数量都是极大的,但 k 维上同调类却组成一个有限维的线性空间,而维数就是第 k 个贝蒂数 b_k。

德·拉姆上同调论是层的上同调(sheaf cohomology)的先驱。后者由 J. 勒雷[12]创始,H. 嘉当和 J. P. 塞尔使之完善,并卓有成效地加以应用。

八、向量场及其推广

我们自然地要研究流形 M 上的连续向量场。这样的一个向量场由 M 的每一点处的一个切向量组成,并且向量随着点连续变动。如果 M 的欧拉-庞加莱示性数 $\chi(M) \neq 0$，则 M 上任一连续向量场中至少有一个零向量。举个具体的例子，地球是个二维球面，示性数是 2，因此当地球上刮风时，至少有一处没有风。上述结果有一个更加明确的定理。对于连续向量场的每一个孤立零点可规定一个整数，叫作指数，它在某种程度上刻画向量场在这个零点附近的状态，表明它是源点，还是汇点或是其他情形。庞加莱-霍普夫定理指出，当连续向量场只有有限多个零点时，它的全部零点的指数和就是拓扑不变量 $\chi(M)$。

以上所述是有关 M 的切丛的。切丛就是 M 的全体切空间的集合。更一般地，如果一族向量空间以 M 为参数，并且满足局部乘积条件，就称为 M 上的一个向量丛。

一个基本问题是：这样的丛在整体上是不是一个乘积空间？上面的讨论说明了，当 $\chi(M) \neq 0$ 时，切丛不是乘积空间。因为如果是乘积空间，就会存在一个处处不为 0 的连续向量场。空间之中存在局部是乘积而整体不是乘积这种空间[例如当 $\chi(M) \neq 0$ 时的 M 的切丛]绝不是容易想象的；几何学从而进入更深刻的阶段。

刻画一个向量丛与乘积空间的整体偏差的第一组不变量是所谓上同调示性类。欧拉-庞加莱示性数是最简单的示性类。

高斯-博内公式(4)(见第四节)在 Σ 没有边界时形式特别简单:

$$\iint K\,\mathrm{d}A = 2\pi\chi(M)。 \qquad (4a)$$

这里 K 是高斯曲率,$\mathrm{d}A$ 是面积元。公式(4a)是最重要的公式,因为它把整体不变量 $\chi(\Sigma)$ 表示成局部不变量的积分。这也许是局部性质与整体性质之间的最令人满意的关系了。这个结果有一个推广。设

$$\pi : E \longrightarrow M \qquad (13)$$

是一个向量丛。切向量场的推广是丛的截面,也就是一个光滑映射 $s:M\longrightarrow E$,使得 $\pi\circ s$ 是恒同映射。因为 E 只是一个局部乘积空间,对 s 微分就需要有一个附加结构,通常叫作一个联络。所导出的微分称为协变微分,一般不是交换的。曲率就是协变微分非交换性的一种度量。曲率的适当组合导致微分形式,在德·拉姆理论的意义下,它代表上同调示性类,而高斯-博内公式(4a)是它的最简单的例子[13]。我相信,向量丛、联络和曲率等概念是如此基本而又如此简单,以致任何多元分析的入门教科书都应包括这些概念。

九、椭圆型微分方程

当 n 维流形 M 有黎曼度量时,则有一个算子 $*$,它把一个 k 次形式 α 变成一个 $(n-k)$ 次形式 $*\alpha$。这相当于对切空间的线性子空间取正交补。由算子 $*$ 和微分 d,我们引进余

微分（codifferential）

$$\delta = (-1)^{nk+n+1} * d * \qquad (14)$$

和拉普拉斯算子

$$\Delta = d\delta + \delta d。 \qquad (15)$$

算子 δ 把一个 k 次形式变成一个 $(k-1)$ 次形式，Δ 把一个 k 次形式变成一个 k 次形式。如果一个形式 α 满足

$$\Delta\alpha = 0, \qquad (16)$$

它就称为调和的。零次调和形式就是通常的调和函数。

公式（16）是一个二阶的椭圆型偏微分方程。如果 M 是闭的，公式（16）的全部解构成一个有限维向量空间。根据霍奇的一个经典定理，解空间的维数恰好是第 k 个贝蒂数 b_k。再从公式（12）推出，欧拉示性数可写成

$$\chi(M) = d_e - d_o, \qquad (17)$$

这里 d_e 和 d_o 分别是偶次和奇次调和形式的空间的维数。外微分 d 本身是一个椭圆算子，公式（17）可看作用椭圆算子的指数来表示 $\chi(M)$。对于任何线性椭圆算子来说，它的指数等于解空间的维数减去伴随算子的解空间的维数。

在用局部不变量的积分表示椭圆算子的指数这一方面，阿蒂亚-辛格指数定理达到了顶峰。许多著名的定理，例如霍奇指标定理、希策布鲁赫指标定理和关于复流形的黎曼-罗赫定理，都是它的特殊情形。这项研究的一个主要副产物

是确认了考虑流形上伪微分算子的必要性,它是一个比微分算子更一般的算子。

椭圆型微分方程和方程组是与几何十分紧密地纠缠着的。一个或多个复变元的柯西-黎曼微分方程是复几何的基础。极小流形是求极小化面积的变分法问题中欧拉-拉格朗日方程的解。这些方程是拟线性的。"最"非线性的方程也许是蒙日-安培方程,它在好几个几何问题中都是重要的。近年来在这些领域里取得了很大的进展[14]。由于分析这样深地侵入几何,前面提到过的分析学家伯克霍夫的评论看来更令人不安了。然而,分析学是绘制矿藏的全貌,而几何学是寻找美丽的矿石的。几何学建筑在这样的原则上:并非所有的结构都是相等的,并非所有的方程都是相等的。

十、欧拉示性数是整体不变量的一个源泉

概括起来,欧拉示性数是大量几何课题的源泉和出发点。我想用下面的图 8 来表示这关系。

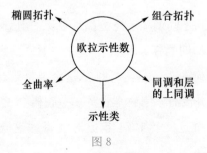

图 8

十一、规范场论

本世纪初,由于爱因斯坦的相对论,微分几何一度变成人们注视的中心。爱因斯坦企图把物理现象解释为几何现象,并构造一个适合于物理世界的几何空间。这是一个十分艰巨的任务,也不清楚爱因斯坦关于引力场和电磁场的统一场论的学说是否已成为定论。前面提到过的向量丛的引进,特别是向量丛中的联络和它们的示性类,以及它们与曲率的关系,开阔了几何的视野。线丛(纤维是一条复直线)的情况提供了外尔的电磁场规范理论的数学基础。以对同位旋(isotopic spin)的理解为基础的杨-米尔斯理论是非交换的规范理论的第一个例子。杨-米尔斯理论的几何基础是带有酉联络的复平面丛。统一所有的场论(包括强、弱相互作用)的尝试近来已集中到一个规范理论上,也就是一个以丛和联络为基础的几何模型。看到几何和物理再次携起手来,是十分令人满意的。

丛、联络、上同调和示性类都是艰深的概念,在几何学中它们都经过长期的探索和试验才定形下来。物理学家杨振宁说:"非交换的规范场与纤维丛这个美妙理论——数学家们发展它时并没有参考物理世界——在概念上的一致,对我来说是一大奇迹。"[15] 1975 年他对我讲:"这既是使人震惊的,又是使人迷惑不解的,因为你们数学家是没有依据地虚构出这些概念来的。"这种迷惑是双方都有的。事实上,E. 威格纳说起数学在物理中的作用时,曾谈到数学的超乎常理的有效性[16]。如果一定要找一个理由的话,那么也许可用"科学的整体性"这个含糊的词儿来表达。基本的概念总是很少的。

十二、结束语

现代微分几何是一门年轻的学科。即使不考虑相对论和拓扑学给它的很大促进,它的发展也一直是连续不断的。我为我们说不清它是什么而高兴。我希望它不要像其他一些数学分支那样被公理化。保持着它跟数学中别的分支以及其他科学的许多领域的联系,保持着它把局部和整体相结合的精神,它在今后长时期中仍将是一片肥沃的疆域。

用函数的自变数的数目或数学所处理的空间的维数来刻画数学的各个时期,可能是很有意思的事。在这个意义上,19 世纪的数学是一维的,而 20 世纪的数学是 n 维的。由于多维,代数获得了十分重要的地位。所有已知流形上的整体结果的绝大多数是同偶维相关的。特别地,所有复代数流形都是偶维实流形。奇维流形至今还是神秘的。我大胆地希望,它们在 21 世纪将受到更多的注意,并可在本质上被搞清楚。近来,W. 瑟斯顿[17]关于三维双曲流形的工作以及丘成桐、W. 米克斯和 R. 舍恩关于三维流形的闭最小曲面的工作都已经大大地弄清楚了三维流形及其几何。几何学中的问题之首可能仍然是所谓庞加莱猜测：一个单连通三维闭流形同胚于三维球面。拓扑和代数的方法至今都还没有导致这个问题的解决。可以相信，几何和分析中的工具将被发现是很有用处的。

参考文献

［1］Veblen O，Whitehead J H C. Foundations of Differential Geometry［M］. Cambridge，1932：17.

［2］Cartan E. Le róle de la théorie des groupes de Lie dans l′ évolution de la géométrie moderne［J］. Congrès Inter. Math. ，Oslo，1936，Tome Ⅰ：96.

［3］Birkhoff G D. Fifty Years of American Mathematics［J］. Semi-centennial Addresses of Amer. Math. Soc. ，1938：307.

［4］Weil A. S. S. Chern as friend and geometer［M］. In：Chern，Selected Papers. Springer Verlag，1978

［5］Whitney H. Comp［J］. Math. 1937，4：276.（译者注：Max N. L. 主持制成格劳斯坦-惠特尼定理的科教影片 Regular homotopy in the plane，参看 Amer. Math. Monthly，1978，85：212.）

［6］Pohl W F，Roberts G W. J. Math［J］. Biol，1978，6：383.

[7] White J H. American J[J]. of Math. 1969,91:693;Fuller
  B. Proc. Nat. Acad. Sc. , 1971, 68: 815; Crick F. Proc.
  Nat. Acad. Sc. ,1976,73:2639.

[8] Smale S. Transactions AMS[J],1959,90:281;并参看
  Phillips A. Scientific American 1966,214:112;Max N.
  L.主持制成此事实的科教影片,由 International Film
  Bureau,Chicago,Ⅲ. 发行

[9] Weyl H. Philosophy of Mathematics and Science[M].
  1949:90.

[10] Einstein A. In Library of Living Philosophers[J]. Vol.
  Ⅰ:67;中译文见《爱因斯坦文集》第 1 卷第 30 页,
  1977 年

[11] Hadamard J. Psychology of Invention in the Mathemat-
  ical Field[M]. Princeton,1945:115.

[12] Godement R. Topologie algébrique et théorie des fais-
  ceaux[M]. Paris,Hermann,1958.

[13] Chern S. Geometry of Characteristic Classes[C]. Proc.
  13th Biennial Sem. Canadian Math. Congress,1972:1.

[14] Yau S T. The rôle of partial differential equations in
  differential geometry[J]. Int. Congress of Math. , Hel-
  sinki,1978.

[15] Yang C N. Magnelic Monopoles,Gauge Fields,and Fi-

ber Bundles[J]. Marshak Symposium, 1977. 中译文见《自然杂志》第 2 卷第 10 期, 1979 年.

[16] Wigner E. The unreasonable effectiveness of mathematics in the natural sciences[J]. Communications on Pure and Applied Math. 1960, 13:1.

[17] Thurston W. Geometry and Topology in Dimension Three, Int[M]. Congress of Math. , Helsinki, 1978.

示性类与示性式[①]

第一讲　纤维丛与示性类

§0　前言

我今天看了"中央研究院"数学所现在蓬勃发展的情形和大家努力工作的精神，非常地高兴。数学所李国伟先生刚才讲过，这个所是我开始的。经过是这样，1946 年我从美国回到上海，1943—1946 年我在美国普林斯顿高级研究所开始做示性类这方面的工作，就是今天要讲的东西。那时候的旅行不像现在，那时候是坐轮船。经过二十多天的轮船旅行，我终于到了上海，预备到清华大学教书。可是"中央研究院"告诉我，在抗战时已经准备设立数学研究所，并且在昆明成立筹备处，由姜立夫先生任筹备处主任，所以数学所要成立时请姜先生担任所长；可是战争结束时，姜先生奉派出国进修，他们就要我帮助姜先生办这个所。我答应了这件事。

---

① 本文分三讲。前两讲在台湾"中央研究院"讲述(1990 年 10 月 19 日、26 日)，第三讲在台湾大学进行(11 月 2 日)。由康明昌、胡锴整理。原载于《陈省身文选》，台湾联经出版公司，1993 年。

当时数学研究所的筹备处设在上海。由于日本退回的"庚子赔款"在上海法租界成立自然科学研究所;自然科学研究所有很多部分,我们就接收了数学的部分。数学部分的设备很好,当时重要的杂志,如 Math. Annalen,Crelle's Journal,Liouville Journal,都保存了一整套。

刚开始时,我最重要的工作是训练新人。我找了一些刚毕业的大学生,一共有十几个,大部分是大学毕业三年以内。他们能做什么? 我跟他们讲数学,因为当时要求他们做研究,除了少数例外,大部分不知如何着手。我想,数学里面不需太多预备知识的是代数拓扑。所以,我一个礼拜跟他们讲 6 个小时的代数拓扑,基本的参考书是亚历山德罗夫与霍普夫的《拓扑学》,是当时一本经典的书。

在这群人中,后来有好几位都有很好的成就。例如,吴文俊日后到法国研究,在示性类有很重要的成就;廖山涛最先做紧致空间映射的不动点定理,后来搞动态系统,他现在在北京大学,他因为动态系统的贡献得了第三世界科学院的数学奖;还有杨忠道先生,他是本院的院士;又如陈国才,他在微分几何和李群有很杰出的贡献。陈国才是很有独创性的数学家,他的工作比美国有名的数学家邓尼斯·沙利文做得还完全,也比较早,当然沙利文才华很大,做的范围比较广。

§1　斯蒂弗尔-惠特尼类与庞特里亚金类

我们今天要讲的是示性类。

示性类重要是由于近代数学一个基本的概念：纤维丛。

纤维丛最简单的例子是这样子的。你们都学过解析几何，笛卡儿怎么决定平面上点的坐标呢？取 x 轴，再取任意一条与 x 轴相交而不重合的直线 l，则所有与 l 平行的直线族盖满平面。如果通过 P 点并且平行于 l 的直线在 x 轴截出的点的坐标是 x，P 点在这直线的坐标是 y，那么 (x, y) 就是 P 点的坐标(图 1)。

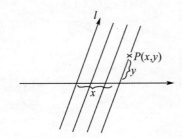

图 1

注意，笛卡儿这样定出的 x 与 y 是不对称的。后来研究数学的人把它们变成正交，有了 x 轴与 y 轴，这是比较特殊的情形。所有与 l 平行的直线都是纤维，整个平面是 x 轴与 l 的乘积，它是这两条直线的拓扑积。

一般的纤维丛是把"乘积"这个限制放松，我们不要求整体是个乘积,只要求局部是个乘积。这个放松意义大极了,范围也大得多,包括许多有意思的情形。什么是局部积?

如果 E 是空间 M 的纤维丛,设 $\pi: E \longrightarrow M$ 是 E 在 M 的投影。所谓的局部积就是,对于 M 的每一个点 x,都有一个邻域 U 使得 $\pi^{-1}(U)$ 是个乘积。因为 $\pi^{-1}(U)$ 是个乘积,它里面的点有两种坐标 x 与 y,x 是 U 里的点的坐标,y 是纤维上的坐标(图 2)。这跟笛卡儿的情形完全一样。

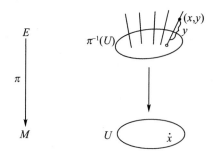

图 2

但是,y 坐标的选择和 U 有关,通常把它记为 y_U。如果 x 有另一个邻域 V 使得 $\pi^{-1}(V)$ 也是乘积,那么 $\pi^{-1}(x)$ 上的点就有两种坐标 (x, y_U) 与 (x, y_V)。y_U 与 y_V 当然有些关系,我们假定这个关系是线性变换,也就是

$$y_U \cdot g_{UV} = y_V,$$

其中 g_{UV} 是一般线性群的元素。这个假定主要是使纤维上的

线性结构有意义,因此我们得到的不是一般的纤维丛,而是
向量丛。

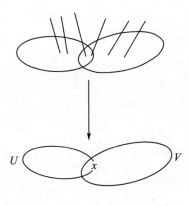

图 3

更详细的说,设 M 是微分流形,E 是 M 上的向量丛,$x \in M$,$\pi: E \longrightarrow M$ 是 E 到 M 的投影。我们要求所有的空间与映射都是平滑的。考虑以下的图形:

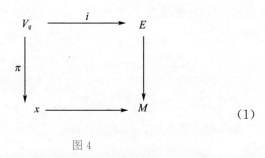

$$(1)$$

图 4

向量丛 E 是由所有的向量空间 V_q 组成,其中 $V_q =$

$\pi^{-1}(x)$，x 是 M 上任意一点。我们还要求：

(a)对于 M 上任意一点 x，都存在 x 的某一邻域 U 使得 $\pi^{-1}(U)$ 变成积流形 $U \times Y$，其中 Y 是 q 维的向量空间；因此，$\pi^{-1}(U)$ 的局部坐标是 (x, y_U)，$x \in U$，$y_U \in Y$。

(b)若邻域 U 与 V 有非空交集，其坐标 y_U 与 y_V 必存在以下的线性关系：

$$y_U \cdot g_{UV}(x) = y_V, \tag{2}$$

其中，$g_{UV}(x) \in GL(q)$（$= GL(q; \mathbf{R})$ 或 $GL(q; \mathbf{C})$），变换群 $GL(q)$ 从右边作用于 Y。

紧接的一个问题：局部积是否恒为整体积？这个问题可不简单，它相当于要找出局部积的不变量。回答这个问题的是庞加莱与霍普夫的定理：

定理（庞加莱-霍普夫） 设 M 是紧致定向的流形，TM 是 M 的切向量丛，$s: M \longrightarrow TM$ 是 M 上之一般切向量场。则

$$\chi(M) = s \text{ 的零点的个数总和}, \tag{3}$$

此处之 $\chi(M)$ 是流形 M 的欧拉-庞加莱示性数。

在 M 是二维的情形，庞加莱证明了这个定理，霍普夫把它推广到 n 维流形。如果切向量丛 TM 是整体积，我们显然可以找一个处处不为零的切向量场。因此，如果 $\chi(M) \neq 0$，根据庞加莱-霍普夫定理，我们得知切向量丛不是整体积。

这就有意思了,既然切向量丛不是整体积,我们就可以接下去问它有什么样不同的性质。

庞加莱-霍普夫定理还有更深一层的意义。我们知道,欧拉-庞加莱示性数是个拓扑不变量,而庞加莱-霍普夫定理告诉我们,随便取个一般的切向量场,把它的零点个数加起来是个拓扑不变量。因此,我们把这个想法推广。

既然一个向量场可以定义欧拉-庞加莱示性数,霍普夫就有这么一个想法,如果取 k 个向量场会怎样? 若 $s_1, s_2, \cdots, s_k$ 是 k 个在一般位置的向量场,那么在 M 上使 $s_1(x), s_2(x), \cdots, s_k(x)$ 线性相关的点形成一个维数是 $k-1$ 的轨迹。这样的 $k-1$ 维的轨迹是个下闭链吗? 如果是个下闭链,它的下同调类与这些向量场的选择无关吗? 这些问题并不是那么简单,因为这个 $k-1$ 维的轨迹不一定是个 $k-1$ 维的下闭链。

做这工作的是在霍普夫指导之下的 E. 斯蒂弗尔。斯蒂弗尔的博士论文是 1936 年完成的。同时做这工作的还有 H. 惠特尼。惠特尼在示性类的贡献比斯蒂弗尔重要多了。

美国有一个时期,由于维布伦的鼓励,代数拓扑有很大的发展。可是我想惠特尼是几十年来美国最伟大的代数拓扑学家。惠特尼第一个看到微分拓扑的重要性,他建立微分拓扑的基础理论。惠特尼在纤维丛与示性类有非常大的贡献,他用的是上同调类。他了解上同调类的重要,它不仅是群，还可以定义乘法使它变成环，这个乘法是很要紧的。惠特尼在分层流形（stratified manifolds）也有很基本的工作。我个人觉得，分层流形在数学的发展中占有很重要的地位。在微分几何通常假定流形是平滑的，因为我们可以使用微积分的工具，但是这是不自然的。有很多实际的例子都不是平滑的，像桌子、椅子。当然，分层流形是比较复杂的，因为它有奇异点，而处理奇异点在数学上是一个困难的问题。不过，这样的发展是很自然的。惠特尼在美国数学会一百周年纪念的历史论文集有一篇文章讲拓扑学的发展，值得一读。

回到原来的问题。我们本来希望这个 $k-1$ 维的轨迹是个下闭链。惠特尼说，不应该把它看成下闭链，应该找个上闭链。真正要紧的是上同调类。仔细想想，这其实是很自然的，因为表示一个向量等于零或一组向量是线性相关的条件是一组方程式，这些条件应该用上同调类表示。同时，由于使用上同调类的缘故，我们所讨论的向量丛也不必限制在切向量丛，任意的向量丛都可以。怎样推广欧拉-庞加莱示性数？这个推广就叫斯蒂弗尔-惠特尼示性类。

其实，想法是很简单的。设 $\pi:E \longrightarrow M$ 是流形 M 上的纤维丛；映射 $s:M \longrightarrow E$ 如果满足 $\pi \cdot s = \mathrm{id}$，则 s 称为 E 的截面。怎么找出一个纤维丛的截面？

用胞腔剖分把流形 M 切成小块，不妨要求切得相当细使

得纤维丛 E 限制在每个胞腔时都变成拓扑积。因此,要决定 E 的截面时只需定出每个胞腔在纤维的影像即可。

我们从较低维的胞腔做起,再把它延拓到较高维数的情形。例如,假设在两个顶点已选好映射的影像,考虑连接这两点的一维胞腔。只要纤维是连通的,我们不难把这个映射延拓出去。由归纳法,假设在某个 k 维胞腔 σ 的边界(即所有的 $k-1$ 维胞腔)都已经定义一个到纤维 Y 的映射,也就是存在映射 $s: S^{k-1} \longrightarrow Y$,我们要把它延拓到 σ。这正是同伦理论的延拓问题。如果把 s 看成同伦群 $\pi_{k-1}(Y)$ 的元素并且它等于零,则 s 可以延拓出去。

所以,能否延拓的障碍因素只有在同伦群不为零时才会发生。那时只好停住了。不但停住了,我们可以得到流形本身的不变量。这是左右逢源的:同伦群等于零时可以延拓,不为零时得到一个不变量。

在考虑实向量丛的 k 个截面时,对应的纤维就是斯蒂弗尔流形 $V_{q,k}$。$\mathbf{R}^q$ 的 k 维标架是 $\mathbf{R}^q$ 中一组 k 个有序线性独立的向量;斯蒂弗尔流形 $V_{q,k}$ 是 $\mathbf{R}^q$ 中所有的 k 维标架的集合。因此,我们要决定 $V_{q,k}$ 的第一个不为零的同伦群,也就是它的第一个不为零的下同调群。

在 20 世纪 30 年代,要计算某个特定空间的下同调群都不一定顶有办法的。不过,斯蒂弗尔做了这件事,惠特尼也做了。在这里我们不详细叙述这些结果，我推荐大家参考斯廷罗德的书[4]，这本书是这方面的经典名作。

这些研究的终局是示性类的诞生：实向量丛的斯蒂弗尔-惠特尼类

$$w^k \in H^k(M, \mathbf{Z}_2), 1 \leqslant k < q, \tag{4a}$$

与有向丛的欧拉类

$$w^q \in H^q(M, \mathbf{Z})。 \tag{4b}$$

式(4a)所以把系数限制在 $\mathbf{Z}_2$ 是由于斯蒂弗尔流形的拓扑性质，因其上同调群具有挠元。

惠特尼另外有个想法，就是所谓的通用丛。惠特尼把它从切向量丛推广到任意的向量丛，这个推广是了不得的。

惠特尼观察到，在 $q+n$ 维的向量空间里所有的 q 维子空间形成一个维数是 qn 的流形，这就是格拉斯曼流形 $Gr(q, n)$，$Gr(q, n)$ 上面有一个现成的向量丛 E_0。为什么呢？因为 $Gr(q, n)$ 里的一点，本身是个向量空间，我们就把它看成纤维就是了。这个向量丛

$$\pi_0 : E_0 \longrightarrow Gr(q, n) \tag{5}$$

就是通称的重言丛。现在我们也称它为通用丛，因为对于任意的向量丛，只要足够大时，它必可由通用丛经由某一映射

$$f : M \longrightarrow Gr(q, n)$$

所诱发产生的。

同样的,在 n 足够大时,庞特里亚金发现,与以上 f 同伦的任意映射都产生同样的向量丛。因此,示性类很自然的是以下像集的元素

$$f^* H^* (Gr(q,n)) \subset H^* (M)。$$

由此可见格拉斯曼流形的重要性。格拉斯曼流形的拓扑结构与代数几何的相交理论是一个基本的问题。把拓扑问题做出来,最要紧的人是C.埃雷斯曼。他早在 1934 年的博士论文就已开始这方面的研究。确定了格拉斯曼流形的下同调群的结构之后,我们就可以得到任意流形上任意向量丛的示性类。当系数是 $\mathbf{Z}_2$ 时,我们得到斯蒂弗尔-惠特尼类。不过我们有兴趣的是整系数或有理系数的情形。

庞特里亚金看出来,事实上埃雷斯曼也看出了,除了式(4b)的欧拉类之外,实向量丛的整系数示性类都发生在维数 $4k$ 时。这就是所谓的庞特里亚金类,记为

$$p_k(E) \in H^{4k}(M,\mathbf{Z})。$$

这些关于示性类的工作都在 1940 年左右。

我在 1943 年到普林斯顿高级研究所。我的出发点是微分几何的高斯-博内公式,它把曲率与欧拉-庞加莱示性数连起来。

定理(高斯-博内) 设 M 是有向的封闭曲面,K 是它的

高斯曲率，dA 是面积分。则

$$\frac{1}{2\pi}\int K\,\mathrm{d}A = \chi(M)。\tag{6}$$

事实上，高斯没有写过式(6)这种式子，博内也没有。高斯当时考虑一个常曲率的测地三角形，如图 5 所示。

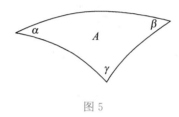

图 5

他证明了

$$\alpha+\beta+\gamma-\pi=KA。$$

博内把测地线的限制放松，推广到任意曲线，但是要把它们的测地曲率补上去。

从高斯与博内的式子到现在的式(6)之间，是花了相当长的时间，因为 19 世纪的人对于欧拉-庞加莱示性数、三角剖分这些观念还没弄清楚，所以在文献中大家各说各的，不大能连接得起。不过，在所有这些之中，"亏格"是一个重要的观念。

亏格是有向封闭曲面的拓扑不变量，它是曲面上的洞数；事实上，令 g 是亏格，则

$$\chi = 2 - 2g。$$

另一方面,有向曲面一定有复结构,因此可以考虑它的全纯微分式。代数曲线理论的一个定理说,有向封闭曲面上的所有全纯微分式形成维数等于 g 的复向量空间。这是不简单的,因为它在拓扑不变量与复结构不变量之间建立关系。把这些结果推广到高维的情形,示性类是一项有力的工具。

1943 年我在普林斯顿遇到 A. 韦伊。

第二次世界大战开始时,法国参战后实行征兵,韦伊主张和平就躲到国外,被法国政府抓到关在监狱。韦伊那本 *L'intégration dans les groupes topologiques et ses applications* 的序就是在监狱写的。不久法国投降,不需要打仗了,韦伊也被释放出来。他到美国以后,由于战争,每个单位都在紧缩,他找不到工作,只好到利哈伊大学教微积分。在韦伊这是很痛苦的。

这时韦伊刚和 C. 艾伦多弗合写一篇多面体的高斯-博内公式,这是很了不起、很有发展的文章。因为多面体有奇异点,讨论上面的积分就很复杂。韦伊跟我谈起,为什么多面体的情形会这么麻烦。

我根据我对二维情形的了解想推广到高维的情形。高斯-博内公式在二维时把欧拉-庞加莱示性数和曲率拉上关系，因此我就想到如何在高维时也把斯蒂弗尔-惠特尼示性类与曲率也拉上关系。

有一个星期天，我到办公室。普林斯顿大学的数学馆星期天是不开门的，但是每个人都有一把大门钥匙可以进去。我到图书馆随便翻翻，突然想到：何不用复向量丛试试看？有些向量丛本身没有复结构，但是它的纤维仍然有复结构。以往关于斯蒂弗尔-惠特尼类或庞特里亚金类，因为限制在实系数，斯蒂弗尔流形与格拉斯曼流形的上同调群具有挠元，所以只能考虑系数在 $\mathbf{Z}_2$ 的下同调群。可是在复系数的斯蒂弗尔流形与格拉斯曼流形情形就很简单了。

所以，我就把斯蒂弗尔与惠特尼的方法推广到复系数，并且考虑复向量丛，这就得到陈类。

$$c_k(E) \in H^{2k}(M, \mathbf{Z})。$$

这是最要紧的示性类。因为斯蒂弗尔-惠特尼类的系数在 $\mathbf{Z}_2$ 不太好用，庞特里亚金类也不好用。陈类在局部表现为曲率，在整体是整系数上同调类，这是用途最大的示性类。

第二讲　陈类与陈式、超度

§2　示性类与曲率

在示性类里面，我个人觉得陈类是最要紧的。

现在考虑流形上的复向量丛。如果 E 是流形 M 上的 q 维复向量丛,我们将定义一组 E 的小变量,陈类 $c_k(E)$。

$$c_k(E) \in H^{2k}(M, \mathbf{Z}), \quad 1 \leqslant k \leqslant q。$$

当 M 是 q 维的紧致复流形,E 是它的全纯切向量丛时,$c_q(E)$ 落在最高维的上同调群,并且

$$\int_M c_q(\mathbf{E})$$

是个整数,其实它等于 M 的欧拉-庞加莱示性数。所以,陈类是欧拉-庞加莱示性数的自然推广。我们将用三种不同的方法定义陈类:障碍理论的方法、通用丛的方法与曲率的方法。

(Ⅰ)障碍理论的方法

和上一次演讲中实向量丛的斯蒂弗尔-惠特尼类的定义一样,把复流形 M 做胞腔剖分,不过我们现在考虑复系数的斯蒂弗尔流形 $V_{q,k}(\mathbf{C})$。

对于 q 维复向量丛 E,$1 \leqslant k \leqslant q$,如果 Σ_k 代表 M 的胞腔剖分中所有的 k 维胞腔,我们得到一个映射

$$\gamma_k : \Sigma_{2k} \longrightarrow \pi_{2k-1}(V_{q,q-k+1}(\mathbf{C}))。$$

可以证明 γ_k 是个上闭链,并且它的上同调类与这 k 个截面的选择方式无关,我们把它记为 $c_k(E)$。

因为 $V_{q,k}(\mathbf{C})$ 的同伦群有一大串是零，

$$\pi_i(V_{q,q-k}(\mathbf{C})) = \begin{cases} 0, & \text{当 } 0 \leqslant i \leqslant 2k, \\ \mathbf{Z}, & \text{当 } i = 2k+1。 \end{cases}$$

所以我们得到

$$c_k(E) \in H^{2k}(M,\mathbf{Z})。$$

这是想在 E 寻找 $q-k+1$ 个线性独立截面的障碍因素。

附带一笔。关于实系数斯蒂弗尔流形 $V_{q,k}(\mathbf{R})$ 的同伦群，

$$\pi_i(V_{q,q-k}(\mathbf{R})) = \begin{cases} 0, & \text{当 } 0 \leqslant i \leqslant k-1, \\ \mathbf{Z}_2, & \text{当 } i=k \text{ 是奇数且 } 1 \leqslant k \leqslant q-2, \\ \mathbf{Z}, & \text{当 } i=k \text{ 是偶数或 } k=q-1 \text{ 或 } q。 \end{cases}$$

不管如何,恒有一个不全为零的同态映射

$$\pi_k(V_{q,q-k}(\mathbf{R})) \longrightarrow \mathbf{Z}_2,$$

因此实向量丛的斯蒂弗尔-惠特尼类是系数在 $\mathbf{Z}_2$ 的上同调类。

(Ⅱ) 通用丛的方法

也跟上一次演讲时的通用丛一样,不过我们现在考虑复系数的格拉斯曼流形 $Gr(q,n;\mathbf{C})$。

埃雷斯曼在 1934 年用代数几何里的舒伯特胞腔来做

$Gr(q,n;\mathbf{C})$ 的胞腔剖分。任取一组整数 $\sigma_1,\sigma_2,\cdots,\sigma_q$ 与一组 $\mathbf{C}^{q+n}$ 的子空间 $L_1,L_2,\cdots,L_q$ 使得

$$\begin{cases} 0\leqslant\sigma_1\leqslant\sigma_2\leqslant\cdots\leqslant\sigma_q\leqslant n, \\ \dim L_i=\sigma_i+i。 \end{cases}$$

由于 $Gr(q,n;\mathbf{C})$ 上的一点 $[W]$ 代表 $\mathbf{C}^{q+n}$ 的 q 维子空间 W,定义舒伯特符号 $(\sigma_1,\sigma_2,\cdots,\sigma_q)$ 为

$$(\sigma_1,\sigma_2,\cdots,\sigma_q)=\{[W]\in Gr(q,n;\mathbf{C}):\dim(W\bigcap L_i)\geqslant i\}$$

当 $\sigma_1,\sigma_2,\cdots,\sigma_q$ 变动时,这些舒伯特符号就变成 $Gr(g,n;\mathbf{C})$ 的胞腔剖分的胞腔,并且它们还是下闭链,因此代表一个下同调类。请注意,在实系数的情形,舒伯特符号不一定是 $Gr(q,n;\mathbf{R})$ 的下闭链。我们用同样的符号 $(\sigma_1,\sigma_2,\cdots,\sigma_q)$ 表示舒伯特符号的对偶上同调类。这些舒伯特符号形成下同调类群 $H_+(Gr(q,n;\mathbf{C}),\mathbf{Z})$ 的一组基底。因此,上同调类与下同调类的配对关系变成

$$\langle(\sigma_1,\cdots,\sigma_q),(\tau_1,\cdots,\tau_q)\rangle=\begin{cases} 0, & (\sigma_1,\cdots,\sigma_q)\neq(\tau_1,\cdots,\tau_q), \\ 1, & (\sigma_1,\cdots,\sigma_q)=(\tau_1,\cdots,\tau_q)。 \end{cases}$$

在这些舒伯特符号代表的上同调类中,有一个最基本的上同调类

$$\sigma^{(k)}=(0,\cdots,0,1,\cdots,1)\in H^{2k}(Gr(q,n;\mathbf{C}),\mathbf{Z}),$$

其中有 k 个 1,$q-k$ 个零。当 n 足够大时,$\sigma^{(k)}$ 是 $Gr(q,n;\mathbf{C})$ 的通用丛的第 k 个陈类。

对于流形 M 的任意 q 维复向量丛 E，先选取足够大的整数 n 与适当的映射 f，

$$f : M \longrightarrow Gr(q, n; \mathbf{C})$$

使得 $E = f^*(E_0)$，其中 E_0 是 $Gr(q, n; \mathbf{C})$ 的通用丛。定义

$$c_k(E) = f^*(\sigma^{(k)}) \in H^{2k}(M, \mathbf{Z}),$$

这就是 E 的第 k 个陈类。

（Ⅲ）曲率的方法

我认为最有用的是这个用曲率定义的方法。

设 E 是流形 M 上的 q 维复向量丛，$\Gamma(E)$ 是 E 上所有的截面，它形成一个复向量空间。

我们希望对于 $\Gamma(E)$ 的元素能做微分。这需要"联络"的概念。所谓的联络是一种映射，

$$D : \Gamma(E) \longrightarrow \Gamma(E \otimes T^* M), \tag{7}$$

其中，$T^* M$ 是 M 上的复数值余切向量丛，并且满足以下条件：

$$\text{（D1）：} \quad D(s_1 + s_2) = D(s_1) + D(s_2), \tag{8}$$

$$\text{（D2）：} \quad D(f(x)s) = \mathrm{d}f \otimes s + f \cdot Ds, \tag{9}$$

其中 $s, s_1, s_2 \in \Gamma(E)$ 并且 $f(x)$ 是 M 上的平滑函数。这种联络不只在复向量丛时存在，在实解析向量丛时甚至有实解析

的联络。

现在我们要导出联络的局部表示式。首先定义标架：q 个有序的截面 $s_1,s_2,\cdots,s_q$，如果使得 $s_1 \wedge \cdots \wedge s_q$ 在邻域 U 上恒不为零，则 $s_1,\cdots,s_q$ 叫作邻域 U 上的一组标架。

设 $s_1,\cdots,s_q$ 是向量丛 E 在 U 上的一组标架。把 Ds_i 写成

$$Ds_i = \sum \omega_i^j \otimes s_j, 1 \leqslant i,j \leqslant q, \tag{10}$$

其中 ω_i^j 都是一阶微分式，并且设

$$\omega = (\omega_i^j) 。 \tag{11}$$

ω 叫作联络矩阵。采用简便的矩阵记法，式(10)可写成

$$Ds = \omega s 。 \tag{12}$$

由于任意截面都可写成标架截面的线性组合，有了 ω 之后，显然可完全定出联络 D。

如果 $s_1',\cdots,s_q'$ 是 U 上另一组标架，那么 $s_1,\cdots,s_q$ 所决定的联络矩阵 ω 与 $s_1',\cdots,s_q'$ 所决定的联络矩阵 ω' 有什么关系呢？

令

$$s'(x) = g(x)s(x), x \in U, \tag{13}$$

其中，$g(x)$ 是非奇异的 $q \times q$ 阶矩阵，矩阵内的元素都是 U 上的平滑函数。把式(13)微分并利用(D1)与(D2)可得

$$\mathrm{d}g + g\omega = \omega'g \,。 \tag{14}$$

现在取式(14)的外微分,得

$$g\Omega = \Omega'g \tag{15}$$

其中,Ω 与 Ω' 定义为

$$\Omega = \mathrm{d}\omega - \omega \wedge \omega, \quad \Omega' = \mathrm{d}\omega' - \omega' \wedge \omega \,。 \tag{16}$$

根据 Ω 的定义,Ω 是一个 $q \times q$ 阶矩阵,矩阵内的元素都是二阶微分式。Ω 叫作曲率矩阵。

式(15)使我们考虑以下的行列式

$$\det\left(I + \frac{\mathrm{i}}{2\pi}\Omega\right) = 1 + c_1(\Omega) + \cdots + c_q(\Omega), \tag{17}$$

其中,$c_k(\Omega)$ 是 U 上的 $2k$ 阶微分式($1 \leqslant k \leqslant q$)。$c_k(\Omega)$ 的值与标架 $s_1, \cdots, s_q$ 的取法无关。

现在设 $\{U_a\}$ 是流形 M 的开集覆盖。在每个开集 U_a 上定义 $c_k(\Omega)$。式(15)与式(17)显示这些 $c_k(\Omega)$ 在任意两开集的交集一致,因此我们得知 $c_k(\Omega)$ 是 M 上的 $2k$ 阶微分式。这些微分式 $c_k(\Omega)$ 其实是闭微分式。根据德·拉姆的理论,$c_k(\Omega)$ 对应到一个上同调类

$$c_k(E) \in H^{2k}(M, \mathbf{R}) \,。$$

微分式 $c_k(\Omega)$ 叫作陈式。不难证明用陈式定义的陈类 $c_k(E)$ 和障碍理论或通用丛定义的陈类是一致的,主要是利用通用丛。原因是,我们以上的计算都跟

$$f: M \longrightarrow Gr(q,n;\mathbf{C})$$

是交换,所以我们把这个比较的工作拿到 $Gr(q,n;\mathbf{C})$ 上面的通用丛来观察。可是在通用丛上面,所有的东西都可以很清楚、很具体地写出来。

只要把实向量丛予以复化,就可把庞特里亚金类用陈类表示出来。这种把 $c_k(E)$ 用曲率表示的方法日后有重大的发展,请参考[1]与[2]。

F. 希策布鲁赫的 *Topological methods in algebraic geometry* 还有一种定义陈类的方法。它用一组公理来确定示性类,这种方法虽然简便,它一下子就把各种示性类包括在里面,对于希策布鲁赫心目中想要应用的问题是足够了,但是它的缺点是没有说明示性类的意义。

回到复向量丛的示性类。设 E_1 与 E_2 分别是流形 M 上 q_1 维与 q_2 维的复向量丛。考虑 E_1 与 E_2 的惠特尼和 $E_1 \oplus E_2$。如何用 E_1 与 E_2 的示性类来表示 $E_1 \oplus E_2$ 的示性类?惠特尼提供一种简便的公式,这公式就是所谓的惠特尼对偶公式。

惠特尼原来的证明长得不得了,大约有一百多页。我上次演讲提到惠特尼在美国数学会一百周年纪念的历史论文集的文章。惠特尼说,后来 R. 托姆找到一个新方法。这是不对的。找到新方法的不是托姆,而是吴文俊,他的文章发表在 *Ann. Math.* 。吴文俊第一次遇到我的时候,还不懂拓扑学是什么,可是不到三年他就给出惠特尼对偶公式的简单证明。惠特尼的原来证明从未发表。

让我们把复向量丛 E 的陈类加在一起,

$$c(E) = 1 + c_1(E) + \cdots + c_q(E) \in H^*(M, \mathbf{Z})。$$

它是 M 上同调环的元素,这个上同调环的乘法是上同调类的上积。惠特尼对偶公式说,

$$c(E_1 \oplus E_2) = c(E_1) \cdot c(E_2)。$$

我们先把 $c(E)$ 写成

$$c(E) = \prod_{i=1}^{q} \{1 + \gamma_i(E)\},$$

这个写法只是形式的写法,我们不必深究 $\gamma_i(E)$ 是什么,它只告诉我们这些 $\gamma_i(E)$ 的基本对称式就是 $c_k(E), 1 \leqslant k \leqslant q$。现在定义陈特标

$$\mathrm{ch}(E) = \sum_{i=1}^{q} e^{\gamma_i(E)}。$$

陈特标的好处是把乘法变成加法,因此我们得到以下公式

$$\mathrm{ch}(E_1 \oplus E_2) = \mathrm{ch}(E_1) + \mathrm{ch}(E_2),$$

$$\mathrm{ch}(E_1 \otimes E_2) = \mathrm{ch}(E_1) \cdot \mathrm{ch}(E_2),$$

其中,$E_1 \otimes E_2$ 是两个向量丛的张量积。

现在大家都知道,在拓扑、分析或算子代数有一个重要

的发展,那就是 K 理论。把流形 M 上所有的(任意维数)复向量丛集合起来,经过适当的同化(格罗腾迪克建构方法),把加法定为向量丛的惠特尼加法,把乘法定为向量丛的张量积,我们得到一个交换环 $K(M)$。以上讨论的陈特标的两个公式可以叙述为:陈映射 ch

$$\mathrm{ch}:K(M)\longrightarrow H^*(M,\mathbf{Z})$$

是环 $K(M)$ 到环 $H^*(M,\mathbf{Z})$ 的同态映射。阿蒂亚与希策布鲁赫证明,如果 M 是有限复形,则

$$\mathrm{ch}:K(M)\otimes\mathbf{Q}\longrightarrow H^{2*}(M,\mathbf{Q})$$

是同构映射。

陈特标在指标理论也有重要作用。设

$$D:E\longrightarrow F$$

是向量丛 E 与 F 间的椭圆算子。阿蒂亚与辛格的指标定理是这样的:

定理(阿蒂亚-辛格)   设 $\mathrm{ind}(D)=\dim(\mathrm{Ker}\ D)-\dim(\mathrm{Coker}\ D)$,$\mathrm{Td}(M)$ 是有向紧致流形 M 的托德类。则

$$\mathrm{ind}(D)=\int_M\mathrm{ch}(D)\cdot\mathrm{Td}(M)。$$

请注意,我们只定义复向量丛的陈特标,我们还没有定义椭圆算子的陈特标。即使如此,大家仍然可以体会这个公式的重要性,因为它的左边是个解析指标,右边却是个几何指标。这是一个整体的结果,是一个十分深刻而重要的结果。

§3 超度

我们曾提过,由陈式 $c_k(\Omega)$ 决定的陈类 $c_k(E)$ 是向量丛 E 的不变量,因此它与我们选取的联络 D 无关。事实上这件事可以直接证明,若 D 与 D' 是复向量丛 E 上的联络,Ω 与 Ω' 是 D 与 D' 所决定的曲率矩阵,我们可以找到定义在流形 M 整体上的 $2k-1$ 阶的微分式 Q 使得

$$c_k(\Omega) - c_k(\Omega') = \mathrm{d}Q_\circ$$

这种过程叫作超度。

我们还可以用高斯-博内公式的证明来说明超度的现象。

设 M 是二维有向黎曼流形,$x \in M$。任取在 x 的单位切向量 e_1,则存在唯一的单位切向量 e_2,使得 e_1 与 e_2 垂直并且 e_1, e_2 形成一组与 M 的定向一致的标架。令 ω_1, ω_2 是 e_1, e_2 的对偶标架,它们是定义在 M 的单位切向量丛 E 之上。设映射

$$\pi : E \longrightarrow M \tag{18}$$

是 E 到 M 的投影。事实上 $\omega_1 \wedge \omega_2$ 是 M 的微分式,它是 M 的面积元素。

定义联络式 ω_{12} 使它是满足以下式的唯一的一阶微分式:

$$\mathrm{d}\omega_1 = \omega_{12} \wedge \omega_2, \quad \mathrm{d}\omega_2 = \omega_1 \wedge \omega_{12}_\circ \tag{19}$$

式(19)告诉我们这种联络没有挠率。

现在对式(19)作外微分,得

$$d\omega_{12} = -K\omega_1 \wedge \omega_2, \qquad (20)$$

其中,K 是高斯曲率。

式(20)是极端重要的,因为高斯-博内公式说 $\frac{1}{2\pi}K\omega_1 \wedge \omega_2$ 正是欧拉类,而式(20)说把它拉到 E 时它可以积分,并且积分值正是联络式。这个式子给出高斯-博内公式最自然的证明,这个证明可以推广到高维的情形,它还有许多其他的应用。

超度的现象也可以发生在主丛或标架丛。我们用陈-西蒙斯式来加以说明。

在式(13)中,若 g 是任意的非奇异的 $q \times q$ 阶矩阵,我们就得到 M 上各种可能的标架,所以标架丛 P 的局部坐标可以设为 (x, g)。

在标架丛 P 之上,设 φ 是一个联络式。根据式(14),φ 的局部表示式是

$$\varphi = dg \cdot g^{-1} + g\omega g^{-1}。 \qquad (21)$$

可见以下的曲率式也定义于 p 之上:

$$\Phi = d\varphi - \varphi \wedge \varphi = g\Omega g^{-1}。 \qquad (22)$$

由式(17)，我们发现

$$c_1(\Phi) = \frac{i}{2\pi} \mathrm{Tr}\Phi。$$

由于 $\mathrm{Tr}(\varphi \wedge \varphi) = 0$，根据式(22)可得

$$c_1(\Phi) = \frac{i}{2\pi} \mathrm{d}\mathrm{Tr}\varphi。 \tag{23}$$

换句话说，在标架丛 P 上，第一个陈式 $c_1(\Phi)$ 变成恰当微分式。

现在可以定义陈-西蒙斯式。

同样地根据式(17)，可知

$$c_2(\Phi) = \left(\frac{i}{2\pi}\right)^2 \{c_1(\Phi)^2 - \mathrm{Tr}(\Phi \wedge \Phi)\}。 \tag{24}$$

对式(22)做外微分，得

$$\mathrm{d}\Phi = \varphi \wedge \Phi - \Phi \wedge \varphi, \tag{25}$$

这就是所谓的比安基恒等式。

由式(22)和式(25)可得

$$\mathrm{d}\{\mathrm{Tr}(\varphi \wedge \varphi \wedge \varphi)\} = 3\mathrm{Tr}(\varphi \wedge \varphi \wedge \Phi),$$

$$\mathrm{d}\mathrm{Tr}(\varphi \wedge \Phi) = -\mathrm{Tr}(\varphi \wedge \varphi \wedge \Phi) + \mathrm{Tr}(\Phi \wedge \Phi)。$$

设

$$CS(\varphi) = \frac{1}{3}\mathrm{Tr}(\varphi \wedge \varphi \wedge \varphi) + \mathrm{Tr}(\varphi \wedge \Phi)。 \tag{26}$$

很容易验证

$$dCS(\varphi) = \mathrm{Tr}(\varPhi \wedge \varPhi)。 \tag{27}$$

式(26)中的微分式叫作陈-西蒙斯式,它是标架丛上超度第二个陈式 $c_2(\varPhi)$ 的微分式。它本身是个三阶微分式,从它的定义可知它并不涉及 M 上的度量。当 M 是三维流形时,维数的限制使它不得不是个闭微分式。陈-西蒙斯式最近在理论物理扮演一个重要的角色,请参考[6]。

杨振宁先生最近跟我讲,我们都很幸运。像杨-米尔斯理论、杨-巴克斯特方程,现在都是正红的时候。有些人在科学上也许有很重要的贡献,大家也承认他们的贡献,可是贡献完了,工作就结束,不能再发展。像他的情形,我的情形,陈-西蒙斯式,现在做的人很多。

我在普林斯顿认识很多做拓扑的人。除了我之外,他们都受到斯廷罗德的影响,他们都坚持用上闭链,而不是微分式。可是使用上闭链,乘法就很难应付,用微分式就容易多了,可是它不是风尚。所以我想这也是一点教训。大家都做的东西,我不做。当年在汉堡大学时,许多人都念数论,阿廷、赫克、彼得森都是好极了的数论学者,我同他们都有友谊。可是我不念数论,虽然我觉得数论是很有趣的。研究贵独创,不要跟着人走。

第三讲　复线丛与全纯复丛性

§4　全纯线丛与奈望林纳理论

向量丛是一个内容丰富的数学观念。如果纤维是一维的，则称为线丛。复线丛在许多数学及理论物理都有巨大的作用。这时纤维是 $\mathbf{C}$，构造群是 $GL(1,\mathbf{C})=C^{*}=\mathbf{C}\backslash\{0\}$，是一个可交换群。所以线丛之间可定义加法，而得复线丛群。

我们先看层论的上同调群与复线丛的陈类之间的关系。

根据层论上同调群的定义，复线丛群与

$$H^{1}(M,C_{M}^{*})$$

同构，其中 C_M 是 M 上的复值函数芽层，C_M^{*} 是 M 上不取零值的复值函数芽层。

考虑以下之正合序列

$$0 \longrightarrow \mathbf{Z} \longrightarrow C_{M} \overset{e}{\longrightarrow} C_{M}^{*} \longrightarrow 0,$$

其中映射 e 定义为

$$e(f)=\exp(2\pi\mathrm{i}f)。$$

因此我们得到一列长正合序列

$$\cdots \longrightarrow H^{1}(M,C_{M}) \longrightarrow H^{1}(M,C_{M}^{*}) \overset{c}{\longrightarrow} H^{2}(M,\mathbf{Z}) \longrightarrow \cdots,$$

其中，映射 c 就是把复线丛映到它的第一个陈式的函数。

因为芽层 C_M 是个强层（fine sheaf），其不为零维的上同

调群都是零。由上面的正合序列得

$$H^1(M,C_M^*)\cong H^2(M,\mathbf{Z})。$$

这个关系给了二维整系数上同调群的一个几何意义:它与复线丛群同构。

如果 M 是复流形,一切映射都是全纯的,则得全纯线丛的观念。全纯线丛群与

$$H^1(M,O_M^*)$$

同构,其中 O_M^* 是 M 上不取零值的全纯函数芽层。它的结构精密,性质也丰富多了。它推广了除子(divisor)的观念,是复流形的基本性质。

现在采用通用丛的观点。

因为我们的向量丛是一维的,所以通用丛的底空间是 $Gr(1,n;\mathbf{C})$。注意 $Gr(1,n;\mathbf{C})=P^n(\mathbf{C})$ 就是复射影空间,通用丛抽掉零截面得 $\mathbf{C}^{n+1}\setminus\{0\}$,仍旧以 π_0 表示,

$$\pi_0:\mathbf{C}^{n+1}\setminus\{0\}\longrightarrow P^n(\mathbf{C})。 \tag{28}$$

若 $Z=(x_0,x_1,\cdots,x_n)\in\mathbf{C}^{n+1}\setminus\{0\}$,$\pi_0(Z)$ 之值为

$$\pi_0(Z)=[x_0:x_1:\cdots:x_n]\in P^n(\mathbf{C}),$$

其中 $[x_0:x_1:\cdots:x_n]$ 表示 $P^n(\mathbf{C})$ 的齐次坐标。

如果把映射 π_0 限制在单位球 S^{2n+1},

$$S^{2n+1}=\{Z\in\mathbf{C}^{n+1}\mid x_0\bar{x}_0+\cdots+x_n\bar{x}_n=1\},$$

我们就得到 S^{2n+1} 的霍普夫纤维化。当 $n=1$ 时,

$$\pi_0 : S^3 \longrightarrow P^1(\mathbf{C}) = S^2,$$

这是有名的霍普夫映射,它是第一个从高维空间到低维空间且非零伦映射的例子。

回到 $P^n(\mathbf{C})$ 的通用丛。

先考虑 $P^n(\mathbf{C})$ 的下同调群。

因为

$$H_i(P^n(\mathbf{C}),\mathbf{Z}) = \begin{cases} 0, & \text{当 } i \text{ 是奇数时}, \\ \mathbf{Z}, & \text{当 } i \text{ 是偶数时}, i \leqslant 2n。\end{cases}$$

事实上,$P^n(\mathbf{C})$ 的射影子空间 $P^k(\mathbf{C})$,$1 \leqslant k \leqslant n$,是下闭圈,它是 $H_{2k}(P^n(\mathbf{C}),\mathbf{Z})$ 的生成元。

令 $\xi \in H^2(P^n(\mathbf{C}),\mathbf{Z})$ 是 $2n-2$ 维下闭圈 $P^{n-1}(\mathbf{C})$ 的对偶上同调类。ξ 就是 $P^n(\mathbf{C})$ 之通用丛的陈类。ξ 有个好处,$2k$ 维下闭圈 $P^k(\mathbf{C})$ 的对偶上同调类就是

$$\xi^{n-k} \in H^{2n-2k}(P^n(\mathbf{C}),\mathbf{Z})。$$

若 E 是流形上的复线丛,而映射

$$f : M \longrightarrow P^n(\mathbf{C})$$

使得 $E = f^*(E_0)$,其中 E_0 是 $P^n(\mathbf{C})$ 的通用丛。因此 E 的陈类

$$c_1(E) = f^*(\xi) \in H^2(M,\mathbf{Z})。$$

我们回到式(28)通用丛的几何性质。先决定这个通用丛的

联络与曲率。设 $Z, W \in \mathbf{C}^{n+1}$ 为

$$Z = (x_0, x_1, \cdots, x_n), W = (y_0, y_1, \cdots, y_n) \in \mathbf{C}^{n+1}, \tag{29}$$

定义它们的内积为

$$\langle Z, W \rangle = x_0 \overline{y}_0 + x_1 \overline{y}_1 + \cdots + x_n \overline{y}_n。 \tag{30}$$

一组向量 $Z_0, Z_1, \cdots, Z_n \in \mathbf{C}^{n+1}$ 如果满足

$$\langle Z_A, Z_B \rangle = \delta_{A\overline{B}}, \quad 0 \leqslant A, B \leqslant n, \tag{31}$$

则 $Z_0, Z_1, \cdots, Z_n$ 称为一组单式标架。

所有的单式标架与酉群 $U(n+1)$ 的元素成一对一对应。

定义 $U(n+1)$ 的毛雷尔-嘉当式 $\omega_{A\overline{B}}$ 为

$$\omega_{A\overline{B}} = \langle \mathrm{d}Z_A, Z_B \rangle。$$

因此,$\mathrm{d}Z_A$ 可表为

$$\mathrm{d}Z_A = \sum_{B=0}^{n} \omega_{A\overline{B}} Z_B。 \tag{32}$$

对式(31)微分,得

$$\omega_{A\overline{B}} + \omega_{\overline{B}A} = 0,其中 \ \omega_{\overline{B}A} = \overline{\omega}_{B\overline{A}}。 \tag{33}$$

再对式(32)做外微分,得

$$\mathrm{d}\omega_{A\overline{B}} = \sum_{C=0}^{n} \omega_{A\overline{C}} \wedge \omega_{C\overline{B}}, \tag{34}$$

式(34)叫作毛雷尔-嘉当方程。

现在怎么定义 $P^n(\mathbf{C})$ 的通用丛的联络呢?我们只要在局部定义联络就可以。

任取 $Z_0 \in \mathbf{C}^{n+1}$ 使得 $\langle Z_0, Z_0 \rangle = 1$。$Z_0$ 可以看成 $P^n(\mathbf{C})$ 的点,其纤维是 Z_0 代表的直线。只要知道 Z_0 是如何微分,就知道纤维上其他点的微分。

取 $Z_0, Z_1, \cdots, Z_n \in \mathbf{C}^{n+1}$ 使得 $Z_0, Z_1, \cdots, Z_n$ 变成一组单式标架。仿照以前列维-齐维塔的方法,定义联络

$$DZ_0 = \omega_{0\bar{0}} Z_0 。 \tag{35}$$

再根据式(34),以上联络 D 的曲率是

$$\Omega = \mathrm{d}\omega_{0\bar{0}} = \sum_{k=0}^{n} \omega_{0\bar{k}} \wedge \omega_{k\bar{0}} - \sum_{k=0}^{n} \omega_{0\bar{k}} \wedge \omega_{\bar{0}k} 。 \tag{36}$$

请注意,式(36)是通用丛上的超度,因为它的右边是 $P^n(\mathbf{C})$ 的二阶微分式。

在另一方面,

$$\mathrm{d}s^2 = \sum_{k=0}^{n} \omega_{0\bar{k}} \omega_{\bar{0}k} \tag{37}$$

是 $P^n(\mathbf{C})$ 富比尼-施图迪的度量。它的凯勒形式 K 是

$$K = \frac{\mathrm{i}}{2} \sum_{k=0}^{n} \omega_{0\bar{k}} \wedge \omega_{\bar{0}k} = \frac{1}{2\pi\mathrm{i}}\Omega 。 \tag{38}$$

若 $P^1(\mathbf{C})$ 是 $P^n(\mathbf{C})$ 中的复直线,把式(38)在 $P^1(\mathbf{C})$ 上积分,得

$$\int_{P^1(\mathbf{C})} \frac{1}{2\pi\mathrm{i}}\Omega = 1 。$$

令 $\xi=\dfrac{1}{2\pi i}\Omega$，把它看成二维上同调类，它的对偶下同调类可以看成 $P^n(\mathbf{C})$ 的超平面 A。ξ 是通用丛的第一个陈式。

更一般的，若 X 是任意紧黎曼面，f 是非常数的全纯映射

$$f: X \longrightarrow P^n(\mathbf{C})$$

把 X 映进 $P^n(\mathbf{C})$，因此 $f(X)$ 可看成 $P^n(\mathbf{C})$ 的代数曲线。设 E_0 是 $P^n(\mathbf{C})$ 的通用线丛，则

$$c_1(f^*(E_0))=f^*(\xi)=\frac{1}{2\pi i}f^*(\Omega),$$

$$\int_X c_1(f^*(E_0))=\frac{1}{2\pi i}\int_{f(X)}\Omega=f(X)\ \text{的面积}。$$

在另一方面，由上同调类与下同调类配对关系可知

$$\frac{1}{2\pi i}\int_{f(X)}\Omega=\langle f(X),A\rangle=f(X)\ \text{的次数}。$$

可见

$$f(X)\ \text{的次数}=\frac{1}{2\pi i}\int_{f(X)}\Omega=f(X)\ \text{的面积}。\tag{39}$$

换句话说，$P^n(\mathbf{C})$ 中代数曲线的次数正好是它的面积。

这个看法的优点是可以推到有边界的黎曼面 X，这时 $f(X)$ 的面积还是有意思。仍然设 A 是 $P^n(\mathbf{C})$ 的超平面，$n(f(X)\bigcap A)$ 是 $f(X)$ 与 A 的交点。这时，

$$n(f(X)\bigcap A)-\{f(X)\ \text{的面积}\}$$

不再是等于零,它其实与 Ω 在 $f(X)$ 边界的积分有关。

式(36)的超度公式可以帮助我们计算这个积分。利用式(36)与斯托克斯定理,根据联络式 $\omega_{0\bar{0}}$ 这个积分可以算出来。

因为我们考虑的对象都是全纯的,因此联络式 $\omega_{0\bar{0}}$ 可以积出来,所以式(36)变成二重超度公式。事实上,当 $Z \in \mathbf{C}^{n+1} \setminus \{0\}$,设

$$Z_0 = \frac{Z}{|Z|}, \quad \text{其中} \ |Z|^2 = \langle Z, Z \rangle。 \tag{40}$$

我们可证明

$$\omega_{0\bar{0}} = \langle DZ_0, Z_0 \rangle = \langle dZ_0, Z_0 \rangle$$
$$= \frac{1}{2|Z|^2} \{ \langle dZ, Z \rangle - \langle Z, dZ \rangle \}$$
$$= (\partial - \bar{\partial}) \log |Z|,$$

其中 $d = \partial + \bar{\partial}$。因此,

$$\Omega = d(\partial - \bar{\partial}) \log |Z| = -2\partial\bar{\partial} \log |Z|, \tag{41}$$

这个二重超度公式是奈望林纳理论中第一基本定理的关键。

在古典的奈望林纳理论,我们考虑的黎曼面 X 不是紧致的。如果有一组半径是 r 的紧致圆盘 D_r 趋近 X,X 边界上的积分可以用 D_r 边界上的积分来逼近。当我们可以取一组同心圆盘来逼近时,情形会更简化。

利用式(41),我们可以计算 $f(D_r)$ 与 A 的交点数与

$f(D_r)$ 的面积的差。设

$$d^C = \mathrm{i}(\partial - \bar{\partial}),$$

$$n(f(D_r)\bigcap A) = f(D_r) \text{ 与 } A \text{ 的交点数},$$

$$\mathrm{area}(f(D_r)) = f(D_r) \text{ 的面积},$$

$$A^\perp = A \text{ 的正交补空间之任一非零向量},$$

$$|Z, A^\perp| = |\langle Z, A^\perp \rangle|,$$

$$|Z| = |\langle Z, Z \rangle|^{\frac{1}{2}},$$

$$|A^\perp| = |\langle A^\perp, A^\perp \rangle|^{\frac{1}{2}}。$$

那么我们可以得出一个关系：

$$n(f(D_r)\bigcap A) - \mathrm{area}(f(D_r))$$

$$= \frac{1}{2\pi}\int_{f(\partial D_r)} d^C \log \frac{|Z, A^\perp|}{|Z|\cdot|A^\perp|}。 \tag{42}$$

我们准备把式(42)对 r 积分，先定义

$$N(r, A) = \int_0^r \frac{n(f(D_r)\bigcap A)}{t}\mathrm{d}t,$$

$$T(r) = \int_0^r \frac{\mathrm{area}(f(D_r))}{t}\mathrm{d}t,$$

$T(r)$ 称为奈望林纳特征函数，它与 A 的选取无关。

现在不难得到值分布的第一基本定理。

定理（值分布理论第一基本定理） 存在常数 C 使得

$$N(r, A) \leqslant T(r) + C。$$

这是一个很要紧的定理。它说明,在非紧致黎曼面时,虽然它与超平面 A 的交点个数不是常数;但是 $N(r,A)$,一个与交点个数有关的函数却被 $T(r)$ 控制住,$T(r)$ 与 A 的选取无关。

奈望林纳理论的第二基本定理是要估计

$$\sum_{i=1}^{s} N(r,A_i)$$

的下界,其中 A_i 是一组超平面。从我们的观点,它是把式(41)应用到典范丛的情形。它是黎曼-胡尔维茨与普吕克公式的推广。

有了第二基本定理,就可考虑奈望林纳亏值公式。若 A 是超平面,定义

$$\delta(A)=1-\varlimsup_{r\to\infty}\frac{N(r,A)}{T(r)},$$

这叫作平面 A 的亏值。

定理(奈望林纳亏值公式) 设 $C_0=\{Z\in \mathbf{C}\mid |Z|<1\}$,$f:C_0\longrightarrow P^1(\mathbf{C})$ 是不为常数的全纯映射,$A_1,A_2,\cdots,A_s$ 是 $P^1(\mathbf{C})$ 上相异的点。则

$$\sum_{i=1}^{s}\delta(A_i)\leqslant 2。$$

皮卡定理说,不是常数的亚纯函数除了两个值可能例外,它将对其他的数取值。奈望林纳亏值公式显然涵盖了皮

卡定理。

由于奈望林纳的值分布理论最近被当作代数论的极限情形处理，近年它又引起许多人的注意。事实上，只要适当地把它的第二基本定理推广到算术几何，它可以统摄丢番图逼近理论中的罗特定理与莫德尔猜测中的法尔廷斯定理。请参考［5］。

代数数论最近一个基本的认识，是整数与整函数的相似性。丢番图方程

$$F(x,y)=0$$

有无整数解，同复系数同一个方程有无整函数的解极为相似（复数的情形容易多了！）。这个关系最后必然澄清，当为数学上划时代的杰作。

参考文献

［1］Chern S. Complex Manifolds without Potential theory ［M］. Second Edition, Springer-Verlag, 1979.

［2］Chern S. Vector bundles with a connection［J］. "Global Differential Geometry," Studies in Mathematics, 27, Mathematical Association of America, 1989:1-26.

［3］Ehresmann C. Sur la topologie de certains espaces homogènes ［J］. Annals of Math. 1934, 35:396-443.

［4］Steenrod N. The Topology of Fibre Bundles［M］. Princeton University Press,1951.

[5] Vojta Paul. Diophantine Approximation and Value Distribution Theory[M]. Lecture Notes in Mathematics, 1239,Springer-Verlag,1987.

[6] Witten E. Quantum field theory and the Jones polynomial[J]. In Braid Group,Knot Theory,and Statistical Mechanics. edited by Yang C N and Ke M L. World Scientific,1989:239-329.

什么是几何学①

  今天授奖的仪式很隆重,听了许多人的演讲,我非常感动。有机会在此演讲,自己觉得非常之荣幸,也非常之高兴。我想从现在起,我们就像平常上课一样,不怎么严肃,随便一点。我带了一些材料,非常遗憾的是没法投影。不投影也可以,我没有什么准备。大家希望我讲一点几何学,题目是"什么是几何学"。我虽然搞了几十年的几何工作,但是很抱歉的一点是,当你们听完演讲后,不会得到很简单的答案,因为这是一门广泛而伟大的学问。在最近几千年来,几何学有非常重要的发展,跟许多其他的科学不但有关系、有作用,而且是基本的因素。

  讲到几何学,我们第一个想到的是欧几里得。除了基督教的《圣经》之外,欧几里得的《几何原本》在世界出版物中大

---

  ① 本文是陈省身先生于 1999 年 9 月 24 日在复旦大学参加求实基金会科学奖的颁奖仪式上所做的学术报告。这也是复旦大学杨武之讲座的第一讲。

概是销售最多的一本书了。这本书在中国有翻译，译者是徐光启与利玛窦。徐光启（1562—1633）是中国了不得的学问家，M. 利玛窦（M. Ricci）是到中国来的意大利传教士。他们只翻译了六章，中文本是在 1607 年出版的。我们现在通用的许多名词，例如平行线、三角形、圆周等这类名词我想都是徐光启翻译的。当时没有把全书翻译完，差不多只翻译了半本，另外还有半本是李善兰和伟烈亚力翻译的。A. 伟烈亚力（A. Wylie）是英国传教士。很高兴的是，李善兰是浙江海宁人。海宁是嘉兴府的一县，我是嘉兴人，所以我们是同乡。（掌声）对了，查济民先生也是海宁人。（掌声）

推动几何学第二个重要的、历史性发展的人是 Descartes（1596—1650），中国人翻译成笛卡儿。他是法国哲学家，不是专门研究数学的。他用坐标的方法，把几何变成了代数。当时没有分析或者无穷的观念。所以他就变成代数。我想笛卡儿当时不见得觉得他这贡献是很伟大的，所以他的几何论文是他的哲学书里面最后的一个附录，附属于他的哲学的。

这个思想当然在几何上是革命性的，因为当把几何的现象用坐标表示出来时，就变成了代数现象。所以你要证明说一条直线是不是经过一个点，你只要证明某个数是不是等于零就行了。这样就变成了一个简单一点的代数问题。当然并不是任何的几何问题都要变成代数问题，有时候变为代数问题后比原来的问题更加复杂了。但这个关系是基本性的。

笛卡儿发现的坐标系,我们大概在中学念解析几何都学到。有一点是这样的(我的图可惜现在没法投影出来):给定一条直线,直线上有一个原点,其他的点由它的距离 x 来确定,然后经过 x 沿一定的方向画一条直线,那么 y 坐标就是在那条线上从 x 轴上这个点所经的距离,这就是笛卡儿的坐标,英文叫 Cartesian 坐标。它的两条线不一定垂直。不知道哪位先生写教科书时把两条线写成垂直了,因此 x 坐标与 y 坐标对称了。笛卡儿的两个坐标不是对称的,这是个非常重要的观念,我们现在就叫纤维丛。这些跟 y 坐标平行的直线都是纤维,是另外的一个空间。原因是这样的:你把它这样改了之后,那条直线就不一定要直线,可以是任何另外一个空间了。这样可以确定空间里的点用另外一组坐标来表示。所以有时候科学或数学不一定完全进步了,有时候反而退步了。(笑声)笛卡儿用了这个坐标,就发现,我们不一定要用 Cartesian 坐标,可以用其他坐标,比如极坐标。平面上确定一个点,称为原点,过这点画一条射线,称为原轴。这样平面上的点,一个坐标是这点与原点的距离,另外一个是角度,是这点与原点的连线与原轴的相交的角度,这就是极坐标。因此极坐标的两个坐标,一个是正数或零,另外一个是从 0° 到 360° 的角度。当然我们都知道,还可以有许多其他的坐标,只要用数就可以确定坐标。因此,后来大家弄多了的话,就对几何做出了另外一个革命性的贡献,就是说,坐标不一定要有意义。只要每组数能定义一个点，我们就把它叫坐标。从而几何性质就变成坐标的一个代数性质，或者说分析的性质。这样就把几何数量化了，几何就变成形式化的东西了。这个影响非常之大，当然这个影响也不大容易被接受，比如爱因斯坦。爱因斯坦发现他的相对论，特殊相对论是在1908年，而广义相对论是在1915年，前后差了7年。爱因斯坦说，为什么需要7年我才能从特殊相对论过渡到广义相对论呢？他说因为我觉得坐标都应该有几何或物理意义。爱因斯坦是一个对学问非常严谨的人，他觉得没有意义的坐标不大容易被接受，所以耽误了很多年，他才不能不接受，就是因为空间的概念被推广了。

我忘掉了一段。我现在是讲书，讲书忘掉了补充一下是无所谓的，讲错了也不要紧。（笑声）同样我回头再讲一点欧几里得。那时的欧几里得的《几何原本》并不仅仅是几何，而是整个数学。因为那时候的数学还没有发现微积分，"无穷"的观念虽然已经有了，不过不怎么普遍。我再说一点，就是很可惜的是欧几里得的身世我们知道得很少，只知道他生活在纪元前300年左右。他是亚历山大学校的几何教授，他的《几何原本》大概是当时的一个课本。亚历山大大学是希腊文化最后集中的一个地方。因为亚历山大自己到过亚历山大，因此就建立了当时北非的大城，靠在地中海。但是他远征到亚洲之后，我们知道他很快就死了。之后，他的大将托勒密(Ptolemy Soter)管理当时的埃及区域。托勒密很重视学问，就成立了一个大学。这个大学就在他的王宫旁边，是当时全世界最伟大的大学，设备非常好，有许多书。很可惜由于宗教的原因，由于众多的原因，现在这个学校被完全毁掉了。当时的基督教就不喜欢这个学校，已经开始被毁了，然后穆斯林占领了北非之后，就大规模地破坏，把图书馆的书都拿出来烧掉。所以现在这个学校完全不存在了。

几何是很重要的，因为大家觉得几何就是数学。比方说，现在还有这一印象，法国的科学院，它的数学组叫作几何组。对于法国来讲，搞数学的不称数学家，而叫几何学家，这都是受当时几何的影响。当时的几何比现在的几何的范围来得广。不过从另一方面讲现在的范围更广了，就是我刚才讲到的坐标不一定有意义。一个空间可以有好几种坐标，那么怎样描述空间呢？这就显得很困难啦，因为空间到底有什么样的几何性质，这也是一个大问题。高斯与黎曼建立和发展了这方面的理论。高斯是德国人，我想他是近代数学最伟大的一个数学家。黎曼实际上是他的继承人，也是德国数学家。他们都是格丁根大学的教授。可惜的是黎曼活着时身体不好，有肺结核病，四十岁就死了。他们的发展有一个主要目的，就是要发展一个空间，它的坐标是局部的。空间里只有坐标，反正你不能讲坐标是什么，只知道坐标代表一个点，所以只是一小块里的点可以用坐标表示。因此虽然点的性质可以用解析关系来表示,但是如何研究空间这就成了大问题。

在这个之前,我刚才又忘了一个,就是基础的数学是欧几里得的书,但是欧几里得的书出了一个毛病。因为欧几里得用公理经过逻辑的手段得到结论。例如说,三角形三角之和一定等于180°,这是了不得的结果。欧几里得可以用公理几步就把它证明了,是一个结论。这个比现代的科学简单得多了。我们刚才听了很多话,科学家做科学研究,第一样就是跟政府要钱,跟社会要钱,说你给了我钱,我才能做实验。

当然实验是科学的基础。但是这样一来就会有许多的社会问题和政治问题。欧几里得说,你给我一张纸,我只要写几下,就证明了这个结果。不但如此,我是搞数学的,我说数学理论还有优点,数学的理论可以预测实验的结果。不用实验,用数学可以得到结论,然后用实验去证明。当然实验有时的证明不对,也许你的理论就不对了,那当然也有这个毛病。欧几里得的公理是非常明显的,但是他有一个有名的公理叫第五公设出了问题。这个第五公设讲起来比较长,但是简单地说,就是有一条直线与线外一点,经过这点只有一条直线与这条已给的直线平行。这个你要随便画图的话,觉得相当可信。可是你要严格追问的话,这个公理不大明显,至少不如其他公理这样明显。所以这个第五公设对当时数学界喜欢思想的人是个大问题。当时最理想的情形是:第五公设可以用其他的公理推得,变成一个所谓的定理。那就简单化了,并且可做这个实验。我们搞数学的人有一个简单的方法,就是我要证明这个公理,我先假定这个公理不对,看是不是可以得到矛盾。如果得到矛盾,就证明它是对的了。这就是所谓间接证明法。有人就想用这个方法证明第五公设,但是都失败了。我们现在知道这个第五公设并不一定对,经过一点的平行线可以有无数条,这就是非欧几何的发现。非欧几何的发现,它的社会意义很大,因为它表示空间不一定只有一个。西洋的社会相信上帝只有一个,怎么会有两个空间,或者很多个空间呢?当时这是个很严重的社会问题。不止是社会问题,同时也是哲学问题。像德国大哲学家康德,他就觉得只能有欧氏几何,不能有非欧几何。所以当时这是一个很大的争论。非欧几何的发现一个是 J. 波尔约,匈牙利人,在 1832 年;一个是罗巴切夫斯基,俄国人,在 1847年。不过我刚才讲到大数学家高斯,我们从他的种种著作中知道他完全清楚,但他没有把它发表成一个结论,因为发表这样一个结论,是可以遭到别人反对的。因此就有这么一个争论。等到意大利的几何学家贝尔特拉米,他在欧几里得的三维空间里造了一个曲面,这个曲面上的几何就是非欧几何,这对于消除大家的怀疑是一个很有利的工具。因为上述结果是说,假定有一个三维的欧几里得空间,就可以造出一个非欧几何的空间来,所以在欧几里得的几何中亦有非欧几何。你假定欧几里得几何,你就得接受非欧几何,因此大家对非欧几何的怀疑有种种的方法慢慢给予解除。

我刚才讲到高斯与黎曼把坐标一般化,使坐标不一定有意义,这对几何学产生的问题可大了。因为空间就变成一块一块拼起来的东西。那么怎么去研究它呢?怎么知道空间有不同的性质呢?甚至怎么区别不同的空间?我这里有几个图,画了几个不同的空间,可惜我没法把它投影出来。不过,总而言之空间的个数是无穷的,有很多很多不同的空间。现在对于研究几何的人就产生一个基本问题,你怎样去研究它。这样一个基本的学问现在就叫 Topology,拓扑学。它是研究整个空间的性质,如什么叫空间的连续性,怎样的两个空间在某个意义上是相同的,等等。这样就发展了许多许多的工具。这个问题黎曼也讨论了。黎曼生活在 1826—1866 年。德国的教学制度,博士在毕业之后,为了有资格在大学教书,一定要做一个公开演讲,这个公开的演讲就是所谓的 Habili-tationsschrift。黎曼在 1854 年到格丁根大学去做教授,做了一个演讲,这个在几何上是非常基本的文献,就讨论了这些问题。如何研究这种空间呢?要研究这种空间,如果你只知道空间是随便这么一块块拼起来的话,就没有什么可以研究的了。于是你往往需要一个度量,至少你知道什么叫两点之间的距离,你怎么去处理它呢?就需要解析的工具。往往你把距离表为一个积分,用积分代表距离。黎曼的这篇 1854 年的论文,是非常重要的,也是几何里的一个基本文献,相当一个国家的宪法似的。爱因斯坦不知道这篇论文,花了 7 年的时间想方设法也要发展同样的观念,所以爱因斯坦浪费了许多时间。黎曼这篇论文引进的距离这个观念,是一个积分,在数学界一百多年来有了很大的发展。第一个重要的发展是黎曼几何应用到广义相对论,是相对论的一个基本的数学基础。现在大家要念数学,尤其要念几何学的话,黎曼几何是一个最主要的部分,这个也是从黎曼的演讲开始的。现在黎曼几何的结果多得不得了,不但是几何的基础,可能也是整个数学发展的基础。

我刚才提到一百多年来的发展。所谓的黎曼几何实际上是黎曼的论文的一个简单的情形,是某个情形。黎曼原来的意思,广义下的意思,有个人做了重要的工作,是一个德国人芬斯勒。所以这部分的几何就叫芬斯勒几何。1918 年他在格丁根大学写了一篇博士论文,就讲这个几何。这个几何后来发展不太多,因为大家不知道怎么办。如果这个度量的积分广了一点,对应的数学就变复杂了,不像黎曼的某个情形这样简单。黎曼这情形也不简单。黎曼普通地就写了一个 ds 的平方等于一个两次微分式,这个两次微分式积分一下就代表弧的长度。怎样研究这样的几何,这是需要一个像黎曼这种天才才有这个办法。黎曼就发展了他所谓的 Riemann curvature tensor,黎曼曲率张量。你若要搞这类几何的话,就要有张量的观念。而空间的弯曲性,这个弯曲性解析表示出来也比较复杂了,就是黎曼的曲率张量。我们现在大家喜欢讲得奖。我们今天发奖,有奖金,要社会与政府对你的工作尊重。当年的时候你要搞数学的话,如果没有数学教授的位置,就没有人付你工资。一个主要的办法就是得奖金。有几个科学院它给奖金,得了奖金后你当然可以维持一段时间,因此就很高兴。不过很有意思的是我想黎曼-克里斯托费尔曲率张量是一个很伟大的发现,黎曼就到法兰西科学院申请奖金。科学院的人看不懂,就没有给他。所以诸位,今天坐在前排几位你们都是得奖人,都是得到光荣的人,我们对于你们寄予很大的期望,后面几排的大多数人没有得过奖,不过我安慰大家,没得过奖不要紧,没得过奖也可以做工作。我想我在得到学位之前,也没有得过奖。得不得到奖不是一个很重要的因素,黎曼就没有得到奖。他的黎曼-克里斯托费尔张量在法兰西的科学院申请奖没有得到。

最近虽然在黎曼几何上有很多发展,非常了不得的发展,但是大家对于一般的情形,黎曼论文的一般情形:芬斯勒几何,没有做很多贡献。很巧的是我在 1942 年曾写了一篇芬斯勒几何的论文,就是我能把黎曼几何的结果做到芬斯勒几何的情形。最近,有两位年轻的中国人,一个叫鲍大维,一个叫沈忠民,我们合写了一本关于芬斯勒几何的书。这本书就要在斯普林格出版社出版,属于它的 Gra-duate Texts 数学丛书。编辑对于我们的书也很喜欢，给了我们一个很有意思的书号：2000 号。书就在这里，我想这本书等会儿我会交给谷超豪教授，就把它放在复旦大学的某个图书馆里。（掌声）我们这本书有一个小小的成就，就是把近一百年来最近在黎曼几何上的发现，我们把它推广到一般的情形，即黎曼-芬斯勒情形。这是黎曼当年的目的。黎曼当然非常伟大，不过他对于一般的情形不是很重视，他甚至在他的文章里讲这里没有新的东西，我们就把他说的没有新的东西做了一些出来。

我知道我旁边坐了两位伟大的物理学家。接下去我想班门弄斧一下，谈一下物理与几何的关系。我觉得物理学里有很多重要的工作，是物理学家要证明说物理就是几何。比方说，你从牛顿的第二运动定律开始。牛顿的第二定律说，$F=ma$，F 是力，m 是质量，a 是加速度，加速度我们现在叫曲率。所以右边这一项是几何量，而力当然是物理量。所以牛顿费了半天劲，他只是说物理就是几何。（大笑，掌声）不但如此，爱因斯坦的广义相对论也是这样。爱因斯坦的广义相对论的方程说

$$R_{ik} - \frac{1}{2} g_{ik} R = 8\pi K T_{ik} \text{。}$$

R_{ik} 是里奇曲率，R 是 scalar curvature，即标量曲率，K 是常数，T_{ik} 是 energy-stress tensor，即能量-应力张量。你仔细想想，它的左边是几何量，是从黎曼度量得出来的一些曲率。

所以爱因斯坦的重要方程式也就是说,几何量等于物理量。(掌声)不止是这些,我们可以一直讲下去。我们现在研究的空间叫流形,是一块块空间拼起来的。这个流形不好研究。流形上的度量,你如果要把它能够用方程写下来的话,你一定要把流形线性化,一定要有一个所谓的矢量空间,叫 vector space。矢量空间有一个好处,它的矢量可以相加,可以相减,它还有种种不同的乘法。所以你就可以用解析的方法处理几何的情形。那么一般的流形怎么处理呢?数学家的办法很简单,就是在流形的每一点弄一个切平面。每一点都有个矢量空间,叫切空间,跟它相切。欧几里得空间只有一个切空间。现在的空间情况复杂了一些,每点都有一个切空间,但都是平坦空间。这个现象在几何上有一个重大的发展,就是把切空间竖起来。反正是一把矢量空间,给流形的每点一个矢量空间,不一定要是流形的切面或切空间。我们就叫它为纤维丛,或叫矢量丛、矢量空间丛。这个我想比爱因斯坦的(相对论)还要重要。麦克斯韦方程就是建立在一个矢量丛上。你不是要一把矢量空间吗?最好的是一把筷子,这里一维最好是复一维。这把筷子每个都是复空间,它是骗人的一维,其实是二维,是复数空间。复数就有玩意儿了。现在是一把复线,你如果能有法子从这个纤维到另外一个纤维有一个我们所谓的平行性的话,你就立刻得到麦克斯韦方程。现代文明都靠电,控制电的方程是麦克斯韦方程。现在纤维从上有一个平行性,这个平行性的微分,等于电磁场的强度 F,然后你把这个 F 再求它的另外一种微分(余微分)的话,就得到 current vector J,即流矢量。用下面两个简单的式子,就把麦克斯韦方程写出来了, $dA = F, \delta F = J$。

普通你要念电磁学的书的话,当然需要了解电磁的意义。我不了解。但是要了解电磁学的意义,把方程全部写出来的话,书上往往是一整页,种种的微分呀什么的讲了一大堆。其实简单地说,也就是平行性的微分是场的强度,而场的强度经过某个运算就得到它的流矢量。这就是麦克斯韦方程,与原来的完全一样。所以麦克斯韦方程就是建立在一维的纤维丛上,不过是一个复一维的纤维丛。你怎样把每个纤维拼起来呢?我们需要群的观念。有一个群,群里有一个运算,把一个纤维可以挪到其他一个纤维。纤维如果是一维的,即使是复一维的话,我们需要的群仍旧是可交换的群,叫作阿贝尔群,杨振宁先生了不得。他可以用到一个非阿贝尔群,也很简单,我们叫作 SU(2) 群。用 SU(2) 联络,把同样的方程式写出来,就是杨-米尔斯方程, $DA = F, \delta F = J$。

这有不得了的重要性。我们搞几何学的人觉得有这样的关系,物理学家说你这个关系跟物理有关系,这是非常困难的,并且有基本的重要性。比方说像去年获诺贝尔奖的,我想大家都知道崔琦的名字,做理论方面的所谓霍尔效应,也用到我们这些工作。我们说我们专搞曲率。你要开一个车,路如果弯得多了的话你就要慢下来,直的话你就冲,这就是曲率。曲率要是在高维就比较复杂了,不过也是一些代数,并且可以做得很巧妙。我的一个朋友,也是学生,叫西蒙斯。我们所做的工作就是曲率,就对崔琦跟他们一群得诺贝尔奖的有好处。所以一般讲来,在房子里我们只管扫地,想把房子弄弄干净,弄弄清楚,然后有伟大的物理学家来说你们这个还有道理,(大笑,掌声)这个我们也很高兴。现在几何不但应用到物理,也应用到生物学中。讲到 DNA 的构造,是一个双螺线,双螺线有很多几何,许多几何学都在研究这个问题。现在许多主要的大学,念生物的人一定要念几何。现在有很多人研究大一点的化合物,这是分子,是由原子配起来的。原子怎么个配法就是几何了。这些几何的观念不再是空虚的,有实际上的化学的意义。

数学比其他科学有利的地方,是它基本上还是个人的工作。即使在僻远的地方,进步也是可能的。当然他需要几个朋友,得切磋之益。谢谢大家。(极其热烈的掌声)

高斯-博内定理及麦克斯韦方程[①]

初等几何

高斯-博内定理最重要的特款是三角形内角和定理：在欧氏平面上三角形三角的和等于 π。

这定理可证明如下：设三角形 ABC。过顶点 A 做直线 XAY，与对边 BC 平行。于是有 $\angle B = \angle XAB$，$\angle C = \angle YAC$，则三角和 $\angle A + \angle B + \angle C = \angle XAB + \angle BAC + \angle CAY = \pi$。证毕。

如用外角，则上面的定理可叙述为：三角形三外角的和等于 2π。

外角定理的优点是对于任意多边形都对：平面上多边形的外角和等于 2π。

它还可推广：取任意不自交的封闭曲线 C，在 C 上一点 P，做单位切矢量 PT。经平面上一点 O，做单位矢量 OQ，与

———————
① 本文是陈省身先生在南开大学数学系为学生做的通俗学术报告。原刊于《科学》第 53 卷第 3 期，2001 年。

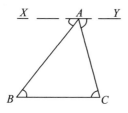 

(a)三角形内角和等于 π   (b)任一凸多边形外角和等于 2π

图 1   多边形内角和定理证明示意图

PT 平行。有"切线转动"定理：当 P 点沿 C 转动一圈，Q 点在单位圆上转动角度 2π。

这当然需要证明[1]。注意曲线 C 可以相当弯曲，因此 Q 在单位圆上可以进退。定理说，把进退消掉后，Q 点总共绕了一圈。

把两个结果连起来，可推广到有尖点的光滑曲线。

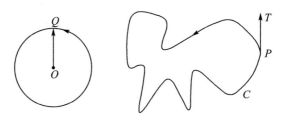

P 在任一不自交封闭曲线 C 上运动，当 P 沿 C 转动一圈时，与过 P 的切线 PT 平行的单位矢量 OQ 转动了 2π 角度。

图 2   "切线转动"定理

这定理还可推广到自交的曲线,因此同拓扑的变形论(homotopy)有关。

我们讨论球面上的同一问题。如称球面的大圆为直线,则几何是非欧的,通常叫作椭圆式几何。

现在研究球面三角形。令 r 为球的半径。取球面三角形 ABC,由大圆弧组成。经过顶点 A 的两边 AB、AC,经延长后相交于 A 的对极点 A^*。两个大圆 ABA^*、ACA^* 成一扇形,它的面积是 $(A/2\pi) \cdot 4\pi r^2 = 2r^2 A$,$A$ 是角度。经过另二顶点 B、C 做同样的扇形。我们现在把球面的对极点重合,便得非欧几何的椭圆式平面。易见三个扇形把平面覆盖,而三角形 ABC 被盖三次。命 Δ 为三角形的面积,则所盖的面积为 $2\pi r^2 + 2\Delta$,前项为椭圆平面的面积=球面积的一半=$2\pi r^2$。由此得

$$A+B+C=\pi+(1/r^2)\Delta。 \tag{1}$$

这公式说,角和超 $A+B+C-\pi$ 等于 $1/r^2$ 乘以面积;角和必大于 π。

在双曲式非欧几何三角形三角的和小于 π。

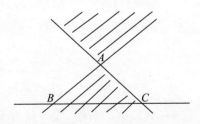

图 3　角和超 $A+B+C-\pi$ 等于 $1/r^2$ 乘以面积证明示意图

曲面上的高斯-博内公式

以上的结果可推广到曲面上的三角形,叫作高斯-博内公式。

设 S 为曲面,C 为 S 上一条逐段光滑的封闭曲线,D 为 C 所包的区域。则 C 有短距曲率 k,D 的每点有高斯曲率 K。命 A 为不光滑点的角。高斯-博内公式是

$$\sum (\pi - A) + \int_C k \, \mathrm{d}s + \iint_D K \, \mathrm{d}\sigma = 2\pi\chi, \qquad (2)$$

其中,$\mathrm{d}\sigma$ 是曲面的面积元,χ 是区域 D 的欧拉数。

在第一节的情况,C 是短距线,故 $k=0$。在欧氏三角形时,$K=0$,$\chi=1$,即得 $\sum A = \pi$。在球面上的椭圆几何学,如半径为 r,则 $k=1/r^2$,式(2)中沿 C 的积分为 0,$\chi=1$。由式(2)即得式(1)。

公式(2)是曲面论一个最重要的公式,证明见文献[2]。很奇怪,这公式在一般教科书找不到。方程式(2)的左边几项,都是曲率。第一项是点曲率,第二项是线曲率,第三项是面曲率。式(2)表示全曲率是一拓扑不变式。

1940 年左右我在昆明西南联大教初等微分几何,曾给一个证明。它可推广到高维的情形,成为我后来一项重要的工作,简述如次:

这个证明根据联络(connection)的观念,利用外微分。

命 x 为曲面 S 的一点,e_1 为经过 x 的一个单位切矢量。设 S 有定向,则经过 x 与 e_1 垂直,而 e_1e_2 合于定向的单位切矢量 e_2 就完全确定。全体单位切矢量 e_1 成一空间,是三维的,因为原点 x 的轨迹 S 是二维,而同一原点 x 的 e_1 是一圆周。称这个空间为 E。取单位切矢量的原点,便得映射 π: $E \to S$。这样的结构叫作圆丛(circle bundle),一种特别的纤维丛(fiber bundle)。如 $x \in S$,$\pi^{-1}(x)$ 是同一原点的单位切矢量,是一圆周。一个重要的量是

$$\omega = de_1 \cdot e_2 \text{。} \tag{3}$$

式中,de_1 是矢量值的一次微分式,乘积是矢量的内积。所以 ω 是空间 E 的一次微分式,叫作联络式(connection form)。它的外微分是

$$d\omega = -\pi^*(K d\sigma) \text{。} \tag{4}$$

这是一个了不得的公式,高斯必然欣赏的。

高斯-博内公式由式(4)经积分可得最自然的证明。式(4)的证明见附录。

麦克斯韦方程

以上的讨论,不必限于曲面的切面丛。我们可取任意欧氏二维平面族,它的参数空间是任意流形。这样也有联络式 ω,它的外微分

$$\mathrm{d}\omega = \Omega \tag{5}$$

是底空间 S 的二次微分式,叫作曲率式。因为 $\mathrm{dd}=0$,我们有

$$\mathrm{d}\Omega = 0 \tag{6}$$

在 S 是四维洛伦兹流形时,即得麦克斯韦方程。设 $x_\alpha(0\leqslant \alpha\leqslant 3)$ 为 S 的坐标,洛伦兹度量为

$$\mathrm{d}s^2 = -\mathrm{d}x_0^2 + \mathrm{d}x_1^2 + \mathrm{d}x_2^2 + \mathrm{d}x_3^2 。 \tag{7}$$

命

$$\Omega = \sum_{\alpha,\beta} F_{\alpha\beta}\,\mathrm{d}x_\alpha \wedge \mathrm{d}x_\beta, \quad F_{\alpha\beta} = -F_{\beta\alpha}, \tag{8}$$

其中

$$(F_{\alpha\beta}) = \frac{1}{2}\begin{pmatrix} 0 & E_1 & E_2 & E_3 \\ -E_1 & 0 & -B_3 & B_2 \\ -E_2 & B_3 & 0 & -B_1 \\ -E_3 & -B_2 & B_1 & 0 \end{pmatrix} \tag{9}$$

对于度量 $\mathrm{d}s^2$,有 $*$ 算子,命

$$\mathrm{d}^* = * \,\mathrm{d}\, * 。 \tag{10}$$

记 $\qquad\qquad j = (j_1, j_2, j_3),$

$$J = -\rho\mathrm{d}x_1 \wedge \mathrm{d}x_2 \wedge \mathrm{d}x_3 + \mathrm{d}x_0 \wedge (j_1\mathrm{d}x_2 \wedge \mathrm{d}x_3 + j_2\mathrm{d}x_3 \wedge \mathrm{d}x_1 +$$
$$j_3\mathrm{d}x_1 \wedge \mathrm{d}x_2), \tag{11}$$

则方程

$$\mathrm{d}\Omega = 0, \quad \mathrm{d}^*\Omega = 4\pi J \tag{12}$$

可写成如下方程组

$$\text{div } B = 0, \quad \text{curl } E + \frac{\partial}{\partial t} B = 0,$$

$$\text{div } E = 4\pi\rho, \quad \text{curl } B - \frac{\partial}{\partial t} E = 4\pi j。 \tag{13}$$

其中,$t = x_0$。如果 t 是时间,$E = (E_1, E_2, E_3)$ 为电场矢量,$B = (B_1, B_2, B_3)$ 为磁场矢量,ρ 为电荷密度,j 为电流密度,这正是麦克斯韦方程。而 J 中的分量

$$\rho \mathrm{d}x_1 \wedge \mathrm{d}x_2 \wedge \mathrm{d}x_3$$

为电荷,

$$(j_1 \mathrm{d}x_2 \wedge \mathrm{d}x_3 + j_2 \mathrm{d}x_3 \wedge \mathrm{d}x_1 + j_3 \mathrm{d}x_1 \wedge \mathrm{d}x_2)$$

为电通量 $j \cdot \mathrm{d}S$,分量

$$\mathrm{d}x_0 \wedge (j \cdot \mathrm{d}S)$$

则表示

$$\mathrm{d}t = \mathrm{d}x_0$$

时间内经过曲面 $\mathrm{d}S$ 的电流。有趣的是,由

$$\mathrm{dd} = 0$$

立刻得

$$\mathrm{d}J = 0,$$

这正是电量守恒定律:

$$\frac{\partial \rho}{\partial t} + \text{div } j = 0。$$

所以麦氏方程的几何基础是一个欧氏平面丛,它的底空间是四维的洛伦兹流形。

这个平面丛观念的引进,归之于外尔,在物理上这是第一个规范场论(gauge theory)。当年爱因斯坦对此有长篇的反对意见。物理上的困难由于规范变数是实数。如果用周期变数或复数,便一切都妥当了。在电磁学我们应用圆周丛或复线丛。这正与高斯-博内公式符合。复数使数学简单化(因此每个代数方程都有解),它也使物理合理化。

复空间丛

欧氏 x-y 平面可以引进复坐标 $z = x + iy$,便成为复线,它的欧氏度量变为埃尔米特度量。所以电磁学的数学基础是洛伦兹流形上的埃尔米特线丛。

这个观念可以推广到高维的复矢量空间丛和埃尔米特空间丛。用复空间时,规范群(gauge group)当取 n 维酉群 $U(n)$,或为简单起见,取它的子群 $SU(n)$(由行列式为 1 的方阵组成)。

这里杨振宁做了伟大的贡献:这个复二维的矢量丛有物理的意义。以上麦氏方程可以推广,叫作杨-米尔斯方程。爱因斯坦晚年苦研统一场论,试了许多不同的空间。现在知道,一个空间不够,需要纤维丛。

从牛顿到麦克斯韦再到杨振宁,理论物理走上了大道。

附　录

从数学眼光来看,基础还是欧氏空间的曲面论,现做简单引论如次:

历史上最有价值的文献当是高斯的"曲面论"。达布有四册巨著,读之趣味无穷,可称人类思想之宝。

研究欧氏空间,首先当了解它的运动群。令空间的坐标为 x_1, x_2, x_3。则欧氏运动是下面的变换:

$$x'_i = \sum_k a_{ik} x_k + b_i, \quad 1 \leqslant i \leqslant 3, \tag{14}$$

其中,$A = (a_{ik})$ 是正交方阵。我们有

$$\det A = \pm 1,$$

以下我们限于

$$\det A = +1$$

的运动,它不改变空间的定向。

运动(14)对于矢量 $v = (v_1, v_2, v_3)$ 引起齐次变换

$$v'_i = \sum_k a_{ik} v_k, \quad 1 \leqslant i \leqslant 3。 \tag{15}$$

如 $w = (w_1, w_2, w_3)$,定义内积

$$v \cdot w = \sum_k w_k v_k。 \tag{16}$$

内积经运动不变。

欧氏标架是一点 x 及经过 x 的三个互相垂直的单位矢

量 $e_i(i=1,2,3)$，使 $e_1e_2e_3$ 合于空间的定向。全体 $e_1e_2e_3$ 构成一六维流形，是欧氏运动流形。有且只有一个运动，将一标架移至另一标架。命

$$\mathrm{d}x = \sum_i \omega_i e_i,$$
$$\quad 1 \leqslant i \leqslant 3。 \qquad (17)$$
$$\mathrm{d}e_i = \sum_j \omega_{ij} e_j,$$

利用 $e_i \cdot e_j = \delta_{ij}$，得

$$\omega_{ij} + \omega_{ji} = 0。 \qquad (18)$$

注意 $\mathrm{dd}=0$，即得

$$\mathrm{d}\omega_i = \sum_j \omega_j \wedge \omega_{ji},$$
$$\qquad (19)$$
$$\mathrm{d}\omega_{ij} = \sum_k \omega_{ik} \wedge \omega_{kj}。$$

这是毛雷尔-嘉当方程，方式 ω_i,ω_{ij} 叫作毛雷尔-嘉当方式。

设曲面 S，取 S 的一定向，而命 e_3 为相应的单位法矢量，则有

$$\omega_3 = 0, \qquad (20)$$

由此得

$$\mathrm{d}\omega_3 = \omega_1 \wedge \omega_{13} + \omega_2 \wedge \omega_{23} = 0,$$

故

$$\omega_{13} = a\omega_1 + b\omega_2, \quad \omega_{23} = b\omega_1 + c\omega_2。 \qquad (21)$$

曲面有两基本式

$$I = \mathrm{d}x \cdot \mathrm{d}x = \omega_1^2 + \omega_2^2,$$
$$\qquad (22)$$
$$II = -\mathrm{d}x \cdot \mathrm{d}e_3 = a\omega_1^2 + 2b\omega_1\omega_2 + c\omega_2^2。$$

II 对于 I 的特征值叫作主曲率，它们的初等对称函数

$$H = \frac{1}{2}(a+b), \quad K = ac - b^2 \qquad (23)$$

分别称为中曲率与高斯曲率。这两个曲率对于曲面的形状和几何性质有重大的作用。

由式(19)得

$$\mathrm{d}\omega_{12} = -\omega_{13} \wedge \omega_{23} = -K\omega_1 \wedge \omega_2 。 \qquad (24)$$

注意

$$\omega_{12} = \omega, \quad \omega_1 \wedge \omega_2 = \mathrm{d}\sigma,$$

即得式(4)的证明。

公式(24)包括高斯的"精彩定理"（积分之即得高斯-博内公式的证明），可称数学之宝。

参考文献

[1] Klingenberg W. A Course in Differential Geometry[M].
GTM 51. New York：Springer-Verlag. 1978.

[2] Blaschke W. Vorlesungen Über Differential Geometrie
[M]. Bd1. Berlin：Springer. 1944.

附　录

陈省身所获的数学奖

· 1983 年 8 月,陈省身因其"整个数学工作所产生的长期影响"而获美国数学会颁发的斯蒂尔奖,获奖介绍中称他是:

半个世纪以来微分几何界的领袖。他的工作既深刻又优美,典型例子就是他的关于高斯-博内公式的内蕴证明。

· 1984 年 5 月,陈省身获 1983—1984 年度沃尔夫奖,获奖原因是:

对整体微分几何的深远的贡献,影响了整个数学。

· 2002 年 12 月 1 日,俄罗斯喀山大学宣布陈省身获第三届罗巴切夫斯基奖,以表彰他"对于几何领域的卓越贡献"。

· 2004 年 5 月 27 日,陈省身获首届邵逸夫数学奖:

以表彰他开辟整体微分几何学的成就,以及他对这个数学范畴一直以来的领导。整体微分几何学的精妙发展占着当代数学的核心，与拓扑学、代数学和分析学，简而言之，与过去六十年数学的所有主要范畴都有密切关联。

评奖委员会所写的获奖者介绍①说：

陈省身是近代几何学宗师，他的数学研究以几何学为中心，持续几近七十年，勾画了现代数学的多个范畴。陈教授对被视为当代数学精髓之一的微分几何学的界定，超于其他数学家。他对数学具有深识创见慧眼，从多个附以他名字的现代数学基础概念可见一斑；如陈类（Chern Classes）、陈-韦伊变换（Chern-Weil Map）、陈联络（Chern Connection）、博特-陈型（Bott-Chern Forms）、陈-摩斯不变式（Chern-Moser Invariants）和陈-西蒙斯不变式（Chern-Simons Invariants）。

陈省身教授的天分在早年已展露出来。他在南开大学毕业，其后获清华大学理学硕士学位。1930年代，他被送往欧洲留学，先在德国汉堡师从布拉施克（Blaschke），后往法国巴黎受业于嘉当（Cartan）门下。受到两位大师的启迪，陈教授发表了两篇论文，分别研究网几何学和三阶常微分方程的微分不变式。两篇论文出版后，至今仍为人所乐道。

其后，陈教授回到中国清华大学任教，当时学校已因战争而迁至中国西南部的昆明。数年后，陈教授离开战乱中的

①http://www.shawprize.org/gb/.

中国,绕道非洲,到了美国。在维布伦(Oswald Veblen)和
H. 外尔(H. Weyl)的邀请下,陈教授在普林斯顿大学高等学
术研究所留下来,展开后来成果丰硕的工作。其间,陈教授
为一般的高斯-博内定理(General Gauss-Bonnet Formula)做
了首次内蕴证明。而今视之,也许可以说这次证明衍生了不
少拓扑学的基础概念,如以微分几何学观点解释的球面丛超
渡概念。此外,他更开始另一项不朽的工作,引入了陈类,作
为副产品,还开创了微分几何学(Hermitian differential ge-
ometry)的研究。这项工作使微分几何学与拓扑学的关系处
于突出地位,而且为其他数学家开拓了丰富的新领域,至今
仍然举足轻重。

　　陈省身教授在战争结束后回国,在短暂的逗留期间完成
了有关陈类的工作。其后,他转到芝加哥大学,和韦伊及其
他学者携手成立数学系,该系被誉为世界首屈一指的数学系
之一。这时候,陈教授的研究备受行内注目。透过他的工作
以及他对同行的影响,他领导着微分几何学的发展,使微分
几何学与几何学的几乎所有范畴交叉影响,这些范畴包括了
拓扑学、代数几何学、积分几何学、复几何学、外微分系统、整
体分析和偏微分方程。

　　陈教授的贡献往往在于他攻研一个具体问题时,凭借他
的几何洞察力和卓越的运算功夫,不仅能找出问题的解决办
法,最终还为其他数学家开创富饶的新局面,让他们发展。

这个模式一直维持到今天，是典型嘉当传统的延续，注入了既深刻且广远的世界视野。

有两个例子，一具体一概括，可证陈省身教授的数学研究对科学界一直以来的影响。其一来自陈-西蒙斯（Chern-Simons）的不变式，它已渗入理论物理学和三维拓扑学。其二就是陈教授认识到复结构在微分几何学中的特殊作用。这种例子在陈教授的研究里比比皆是，包括透过曲率形式所引出的全纯向量丛的陈类定理；利用共形结构研究极小曲面和调和映像；复值函数论的几何化，以及 CR 结构的几何学。复代数簇的微分几何特质，与现代理论物理学和数论息息相关，可见复结构应用之广泛。

1950 年代末期，陈教授转往加州大学伯克利分校出任数学系教授，1980 年，成为数学科学学术研究所创所主任。数年后，他回到母校南开大学，成立数学研究所。陈教授一直留在伯克利，直至五年前才返回南开定居。他在这段时间，仍然活跃于数学界，最近更开创了复活芬斯勒几何学（Finsler geometry）的研究。

在伯克利的时候，陈省身教授是一位数学家，亦出掌要职，同时也是一位良师和出色的领袖，时刻关怀宽待后辈。我们其中一位委员格里菲斯（Griffiths）还是研究生的时候，首先到了普林斯顿大学，他的导师在 1961 年夏天要他去伯克利,甫到,陈教授便邀约他共进午餐,自此维持公私情谊,融洽往还至今。

陈教授人情练达,最喜欢和不同年龄及兴趣的朋友相聚,畅谈数学,对有机会与他共事的人,更扶掖不遗余力。他往往是最早一位了解同行工作的重要之处,并唤起全行注意的人。今天,陈教授桃李满天下,门生遍布美国各大院校数学系,他在中国的影响更是有目共睹。

第一届邵逸夫奖颁予陈省身教授就是表扬他对当今数学发展非凡贡献及影响。

• 2014 年 11 月 2 日,国际天文学联合会下属的小天体命名委员会讨论通过,将一颗永久编号为 1998CS2 号的小行星命名为"陈省身星",以表彰他对全人类的贡献。

国际数学联盟颁发的陈省身奖章

2009 年 6 月 1 日,国际数学联盟正式宣布设立一项新的数学大奖——陈省身奖章(Chern Medal):

用以纪念已故杰出的数学家陈省身。陈省身教授将其毕生奉献给了数学——数学研究和数学教育,并且抓住任何机会支持数学的发展。他在现代微分几何的所有主要领域都获得了根本性结果,并且创建了整体微分几何领域。陈在研究问题的选择上表现出了敏锐的审美品位；其工作之宽广，加深了现代微分几何与数学其他分支的联系。

中外著名数学家对陈省身的评论

• 法国著名数学家、布尔巴基学派领袖韦伊说①：

如果没有嘉当、霍普夫、陈省身和另外几个人的几何直觉，本世纪的数学绝不可能有如此惊人的进展。我深信，只要数学继续发展，就永远需要这样的数学家。

• 德国数学家 P. 唐布罗斯基（P. Dombrowski,1928—）在总结微分几何的百年历史时说②：

总的说来，是 E. 嘉当和陈省身这两位几何学家的思想和工作给这个时期的微分几何学的进程打下了深刻的印记。他们的文章反映了微分几何学在众多分支方向上的发展。

• 另一位德国著名数学家、沃尔夫奖和罗巴切夫斯基奖获得者 F. 希策布鲁赫（F. Hirzebruch,1927—2012）撰长文

① A. 韦伊. 我的朋友——几何学家陈省身. //张奠宙，王善平编. 陈省身文集. 上海：华东师范大学出版社，2002，p357-360.

② Peter Dombrowski. Differentialgeometrie in G. Fischer u. a. Ein Jahrhundert Mathematik, Vieweg 1990.

纪念其良师益友陈省身,说道①:

陈省身是 20 世纪最伟大的数学家之一,是一个了不起
的人。

• 陈省身的学生,著名华人数学家,菲尔兹奖章和沃尔
夫奖获得者丘成桐则说②:

我很荣幸师从一位伟大的数学家。陈省身对我的学术
生涯,无论数学上还是个人修养方面,都有着深刻的影响。

回顾微分几何的发展历史,我认为 E.嘉当是微分几何的
祖父,陈省身是现代微分几何之父。他们合力创造了一门美
妙而丰富的学科,影响遍及数学与物理的每个分支。

• 陈省身的早期学生、中国著名数学家吴文俊③说:

陈省身先生不仅是数学上的一代宗师,而且为中国数学
跃升至世界水平做出了巨大贡献。陈先生先后在国内主持
与创办了两个数学研究所,培养了大批优秀的青年数学家,
使我国的数学能与西方平起平坐,一争雄长,并为 21 世纪中

① Friedrich. Hirzebruch, Udo Simmon. Nachruf auf Shiing-Shen Chern. Jahresbericht der DMV 2006,108(8):197-217.

② 丘成桐.陈省身的几何贡献. //丘成桐,杨乐,季理真.陈省身与几何学的发展.北京:高等教育出版社,2001.

③ 吴文俊,葛墨林.陈省身与中国数学.天津:南开大学出版社,2007.序言.

叶我国数学从大国跃升为强国创造了条件。

　· 中国著名数学家、中国科学院院士姜伯驹说道①：

　　陈先生以他非常独特的魅力，因势利导，推动数学界团结奋进。得道多助，陈先生一直得到数学界的爱戴，不但因为他的数学好，是举世闻名的数学泰斗，是现代微分几何之父，这方面似乎有点高不可攀；更是因为他是我们身边的领路人，处处为数学事业着想，引导我们又关心帮助我们。陈先生是中国数学界改革开放的精神领袖。

① 吴文俊，葛墨林.陈省身与中国数学.天津:南开大学出版社,2007:116-117.

数学高端科普出版书目

数学家思想文库	
书　　名	作　　者
创造自主的数学研究	华罗庚著;李文林编订
做好的数学	陈省身著;张奠宙,王善平编
埃尔朗根纲领——关于现代几何学研究的比较考察	[德]F.克莱因著;何绍庚,郭书春译
我是怎么成为数学家的	[俄]柯尔莫戈洛夫著;姚芳,刘岩瑜,吴帆编译
诗魂数学家的沉思——赫尔曼·外尔论数学文化	[德]赫尔曼·外尔著;袁向东等编译
数学问题——希尔伯特在1900年国际数学家大会上的演讲	[德]D.希尔伯特著;李文林,袁向东编译
数学在科学和社会中的作用	[美]冯·诺伊曼著;程钊,王丽霞,杨静编译
一个数学家的辩白	[英]G.H.哈代著;李文林,戴宗铎,高嵘编译
数学的统一性——阿蒂亚的数学观	[英]M.F.阿蒂亚著;袁向东等编译
数学的建筑	[法]布尔巴基著;胡作玄编译
数学科学文化理念传播丛书·第一辑	
书　　名	作　　者
数学的本性	[美]莫里兹编著;朱剑英编译
无穷的玩艺——数学的探索与旅行	[匈]罗兹·佩特著;朱梧槚,袁相碗,郑毓信译
康托尔的无穷的数学和哲学	[美]周·道本著;郑毓信,刘晓力编译
数学领域中的发明心理学	[法]阿达玛著;陈植荫,肖奚安译
混沌与均衡纵横谈	梁美灵,王则柯著
数学方法溯源	欧阳绛著

书　名	作　者
数学中的美学方法	徐本顺，殷启正著
中国古代数学思想	孙宏安著
数学证明是怎样的一项数学活动？	萧文强著
数学中的矛盾转换法	徐利治，郑毓信著
数学与智力游戏	倪进，朱明书著
化归与归纳·类比·联想	史久一，朱梧槚著

数学科学文化理念传播丛书·第二辑

书　名	作　者
数学与教育	丁石孙，张祖贵著
数学与文化	齐民友著
数学与思维	徐利治，王前著
数学与经济	史树中著
数学与创造	张楚廷著
数学与哲学	张景中著
数学与社会	胡作玄著

走向数学丛书

书　名	作　者
有限域及其应用	冯克勤，廖群英著
凸性	史树中著
同伦方法纵横谈	王则柯著
绳圈的数学	姜伯驹著
拉姆塞理论——入门和故事	李乔，李雨生著
复数、复函数及其应用	张顺燕著
数学模型选谈	华罗庚，王元著
极小曲面	陈维桓著
波利亚计数定理	萧文强著
椭圆曲线	颜松远著